科技

大透視3

飛機總動員

前　言

　　工業科技的發展，大大改變了世界經濟文化的格局。一個現代科技發達的國家，其中一定蘊含了更深厚的科技文明。而這些正是常常樂於動手、動腦的孩子經常困惑的領域，比如汽車為什麼會自動行駛？飛機為何能夜間飛行？在保溫餐盒的食物為何不容易變涼？大吊車為何能舉起千斤水泥板？本系列少兒科普繪本著重工業科技領域的基本知識，從各個角度，剖析上千樣工業產品，從歷史的沿革到當代科技的持續進步，與孩子們一起探索科學的奧祕，分享學習的無限快樂，是一套值得孩子們閱讀的優秀科普讀物。

目錄

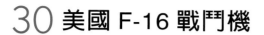

目錄

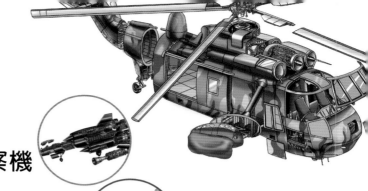

飛機發展史

早在遠古時代，人類就有了像鳥兒一樣在天空飛翔的夢想，而且這個夢想從未中斷過。隨著科技的發展，蒸汽機、電動機、內燃機等動力裝置相繼問世，萊特兄弟於1903年駕駛由他們自製的飛機成功飛上天空，開闢了人類第一次依靠動力飛行的先河。此後，飛機進入迅速發展時期，各種用途的飛機紛紛出現，如偵察機、戰鬥機、轟炸機、艦載機、客機等。發展至今，飛機的性能、外觀和速度都大幅提升。

人類早期的飛行夢想

古人認為鳥類可以飛翔主要是因為有羽毛和翅膀，於是在嘗試飛行的初期，古人把羽毛黏在手臂上，模仿鳥類撲扇雙臂，隨後還發明了撲翼機，許多早期追求飛行夢想的先驅，都嘗試過撲翼機飛行，但由於結構上的缺陷，都以失敗告終。後來在風箏升空的原理啟發下，滑翔機出現了，真正的實現人類飛行的夢想。

西元前 3500 年　　最早嘗試飛行

古希臘神話中就有關於人類嘗試飛行的故事。大約西元前3500年，就有藝術家代達羅斯跟他的兒子伊卡洛斯嘗試飛行的故事。他們用蠟將羽毛黏在胳膊上，但是因為離太陽太近，伊卡洛斯的蠟融化了，跌落到地面，不過他的父親卻成功著陸。

西元 1060 年　　效仿鳥類的翅膀

西元1060年，英國修士艾爾默效仿鳥類飛行，把翅膀固定在四肢上，結果，墜落在地面上，摔傷了大腿，由此可見，光靠搧動翅膀並不能成功飛行。

西元 1853 年

滑翔機的雛形

1853年，英國工程師喬治·卡萊製造出一架滑翔機，但是，並沒有真正實現飛行，他家的車夫試飛時嚇壞了。

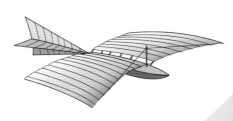

西元 1891 年

懸掛式滑翔機

德國人奧托·李連塔吸取卡萊的經驗，用帆布懸掛在柳木製成的橫梁，製作出懸掛式滑翔機。不過，這種滑翔機很脆弱，在他試飛成功千餘次之後，有次遇到狂風，飛機和人不幸墜毀。

真正的飛機誕生啦

西元 1907 年

副翼飛機

西元 1903 年

第一架滑翔機

1900年到1902年，美國萊特兄弟經過一千多次滑翔試飛，於1903年成功製造出第一架依靠自身滑動產生動力，並可載人飛行的滑翔機，從此，飛機的發展進入新的階段，具有劃時代的意義。

1907年，法國的加百利·瓦藏和查理斯·瓦藏研製具有兩套翅膀的副翼飛機。這種飛機的推動器在飛機的尾部，可以飛行一千公尺以上。

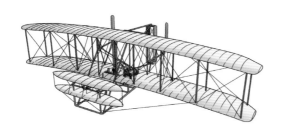

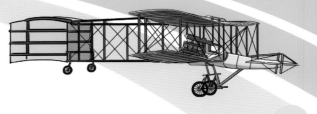

西元 1911 年　　水上飛機

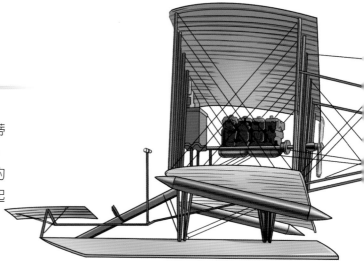

1911年，法國人格倫‧寇蒂斯在副翼飛機上裝上平底浮筒，成功研製出第一架真正意義上的水上飛機。這種飛機在水上起降，無需飛機跑道。

西元 1913 年　　F40 型副翼飛機

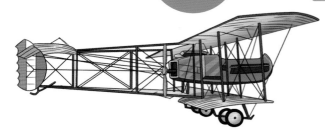

1914年～1918年第一次世界大戰期間，此款飛機展示出它的軍事價值，被應用為偵察機和轟炸機，收集敵軍情報，或對準目標將炸彈從飛機上直接丟下去。

西元 1918 年　　軍用螺旋飛機

1918年，最先製造軍用飛機的福克公司研製出安裝機關槍的螺旋槳飛機D.VII，這種飛機的引擎為活塞式，藉由空氣螺旋槳將引擎的功率轉化為推進力，完成飛行。D.VII是第一次世界大戰中最強大的飛機。

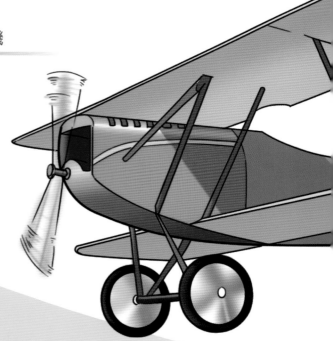

西元
1927 年

洛克希德維加號飛機

　　1927年，美國的洛克希德維加號成為了
固定航班，速度可達177公里／時，載客量
僅6名，不過，機翼採用懸臂式，機身為流線
型，外觀極具現代感。

西元
1930 年

JU-52 飛機三引擎飛機

　　在第二次世界大戰的間歇期，飛機開始往大體
型發展，1930年由德國容克斯公司製造、先進的三
引擎飛機JU-52就是這個時期的典型代表。同年，英
國人惠特爾發明了第一臺渦輪噴射引擎，噴管高速
噴出的燃氣即可產生反作用推力，為噴射飛機的發
展奠定了基礎。

西元
1933 年

波音 247 飛機

1933年，波音247成功試飛，標誌著現代飛機的誕生。它不再使用帆布或木製材質，而是採用全金屬的框架和外殼，大大增強堅固性，這在當時是非常先進的技術。

西元
1936 年

道格拉斯 DC-3

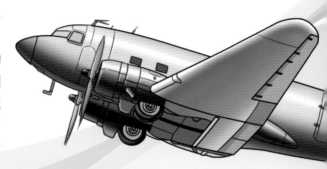

1936年，可以搭載21名乘客的道格拉斯DC-3研製成功，它採用傾斜的機翼，大大減少了阻力，降低製造成本，營運更為節省，成為了第一架只靠機票費用就可以營利的新生代飛機。

西元
1939 年

英國噴火式飛機

1939年，第二次世界大戰爆發，間接推動了飛機的發展。英國研製成功的噴火式水上飛機，成為同盟國非常著名的飛機之一。屬於大功率活塞式引擎，可以讓飛機攀升到12,000公尺的高空。

噴射式飛機（噴射機）出現啦

He-178 噴射式飛機

1939年，德國設計師亨克爾充分應用英國人惠特爾於1930年發明的渦輪噴射引擎，於8月27日製成了世界上第一架噴射飛機——He-178噴射飛機，藉由噴管高速噴出的燃氣，即可產生反作用推力推動飛機飛行，從此，飛機的發展進入了噴射式時代。

噴射戰鬥機

在第二次世界大戰的後期，即1943年，德國成功研製出世界上第一架噴射戰鬥機——梅塞施密特戰鬥機Me-262，戰果非常出色。

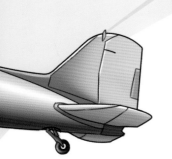

大力神 C-130 運輸機

飛機採用噴射式引擎後，運載能力大大增強。1954年由洛克希德公司研製成功的C-130軍用運輸機，最高載重可達1.5萬公斤，可以運載裝甲車輛、火炮和卡車等大型貨物，只要1.2公里的粗糙跑道就可以順利起飛。

超音速飛機

一直以來，飛機的速度沒辦法突破聲速，直到1947年，貝爾X-1型實驗火箭飛機，動力充足，飛行速度可接近超音速。

西元
1969 年

獵鷹戰鬥機

1954年，在飛機上安裝了一種導管，可以將噴射引擎推動力向下匯出，進而實現了無需任何跑道就可以直線升降的戰鬥機——獵鷹戰鬥機，技術處於先進地位。

西元
1969 年

波音 747

隨著科技的進步，飛機的營運越來越便宜，越來越多的人選擇搭乘飛機，促使飛機往體積更大的方向發展。1969年，波音747擴大了客艙，能搭載400名乘客，載客量大飛躍。

西元
1964 年

洛克希德公司 SR-71 軍用偵察機

1964年，軍用偵察機SR-71的速度達到3,530公里／時，一眨眼就可以飛得無影無蹤。

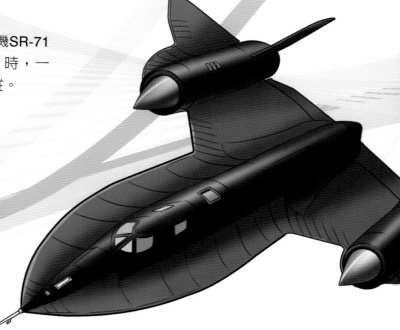

西元
1983 年

F-117A 隱形戰鬥機

1983年，隱形戰鬥機F-117A研製成功，實現了軍事飛機「隱形」的功能，這意味著不會出現在雷達螢幕上，不易被捕捉或發現，是終極軍事飛機。航程持久力高，即使繞地球一圈也不必停下來補充燃料。

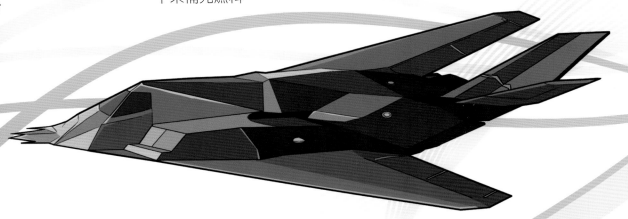

二十一世紀，無人機時代來啦

為了節省能源，實現飛機零碳排放量的目標，飛機將往綠色能源提供動力的方向發展，其中，科學家們正積極研製的就是太陽能飛機。

西元
二十一
世紀

全球鷹

二十一世紀，飛機的技術更為先進，最大的突破是：研製出無人駕駛的飛機，好比諾斯羅普‧格魯曼公司生產的全球鷹，在無人駕駛的情況下，可以從美國跨越太平洋，飛到澳大利亞，創下了飛機發展史上的偉大壯舉。

漢德利佩奇客機

漢德利佩奇客機42系列是世界上最早用於載客的大型飛機。第一架原型機於 1930 年 11 月 14 日首飛成功，命名為「漢尼拔」。最大時速約120公里／時，在當時留給乘客非常難忘的人生體驗。

1 獨特的機翼位置

漢德利佩奇客機的下機翼比上機翼短，位置高於客艙的窗口，這樣的設計是為了不影響乘客俯視地面的風景。

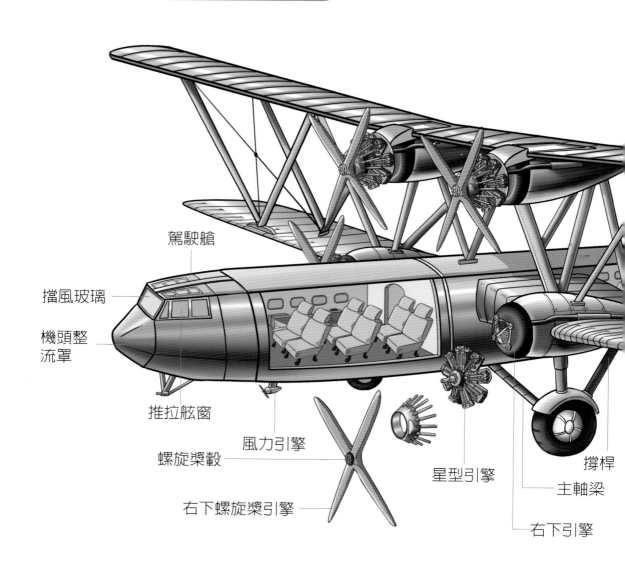

駕駛艙

擋風玻璃

機頭整流罩

推拉舷窗

風力引擎

螺旋槳轂

右下螺旋槳引擎

星型引擎

撐桿

主軸梁

右下引擎

2 分隔式客艙

　　客艙劃分成前後兩個部分，分別位於機翼前後，前部客艙能乘坐 6 人（後來變成 12 人），後部能乘坐 12 人。

3 飛機重量輕

　　機身的三分之二均採用了密度較小的波紋鋁板，機身後段和機翼表面則由織物蒙皮覆蓋，大大降低機身重量。

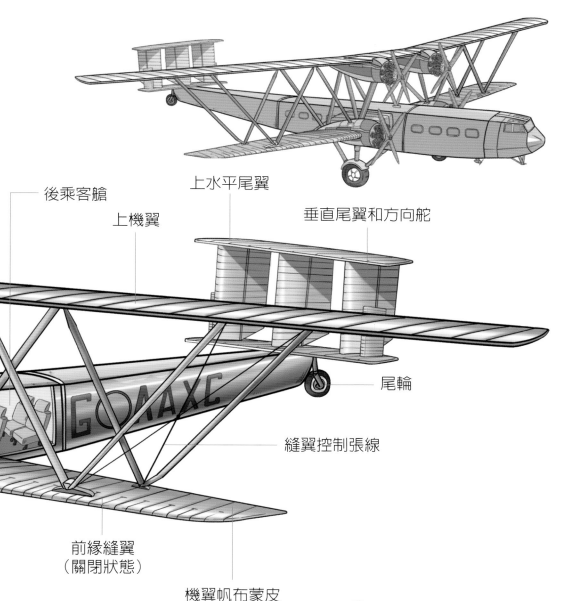

後乘客艙

上水平尾翼

上機翼

垂直尾翼和方向舵

尾輪

縫翼控制張線

前緣縫翼
（關閉狀態）

機翼帆布蒙皮

4 分組飛行

　　漢德利佩奇客機42系列共生產過8架，分成兩組各4架，一組東方航線，另一組為歐洲航線。

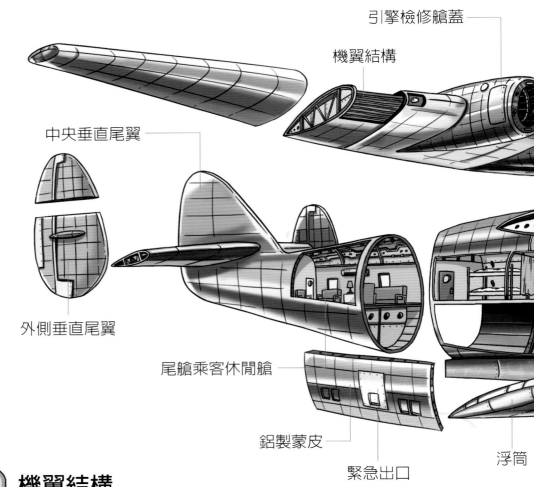

引擎檢修艙蓋

機翼結構

中央垂直尾翼

外側垂直尾翼

尾艙乘客休閒艙

鋁製蒙皮

緊急出口

浮筒

1 機翼結構

　　飛行機翼為雙層,上機翼長而平展,下機翼短小而肥胖,在水面時具有浮筒的效果。尾翼曾採用雙垂直尾翼,最後還是改為單垂直尾翼。

波音 314 客機

波音314是一種在水上起降的載客飛機，波音公司於1938年研發生產。它是當時最大、最豪華的民航飛機之一，命名為「飛剪」號。乘坐該飛機飛越大西洋的機票價格相當昂貴，堪稱「富人的旅行」。在二戰期間，「飛剪」號被運用在戰場上，運送人員和物資，飛行於世界各地。

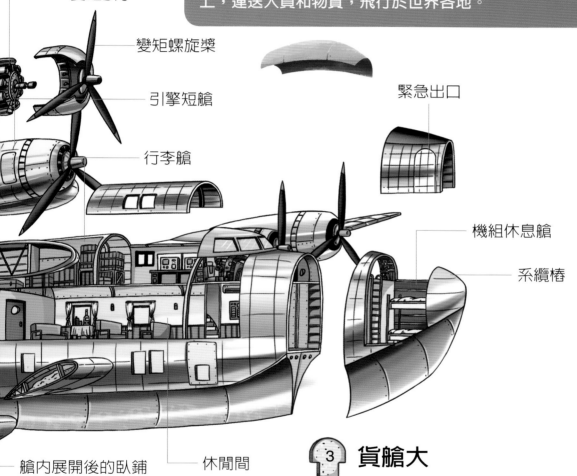

懷特 GR-2600 雙缸引擎

變矩螺旋槳

引擎短艙

行李艙

緊急出口

機組休息艙

系纜椿

艙內展開後的臥鋪

休閒間

3 貨艙大

波音314「飛剪」號一次能運載大約5,000公斤的貨物。在二戰期間運送軍用物資和補給，立下了汗馬功勞。

2 休閒功能齊全

飛機上有沙發休息艙和旅客臥鋪艙，另外還有一個酒吧和一間大型娛樂室。波音公司是最早推出客艙服務的航空公司，當美麗的空服員穿梭在鋪著亞麻桌布的餐桌之間，為乘客們送來一道道美味佳餚，那情景是多麼的愜意啊！

波音747客機

波音747是世界上第一款寬體民用飛機,體型巨大,載客量驚人,一次可搭乘400名乘客。自1970年正式營運,到歐洲空中巴士公司的A380飛機出現前,波音747一直是世界上載客量最大的飛機,這個紀錄保持了37年。它也推出了很多改進款,如波音747SP、波音747F型等。

1 獨特的外形

波音747客機為雙層客艙,上層客艙的長度只占機身的三分之一,並向上凸起,看起來就像飛機頭部腫了一個大包。

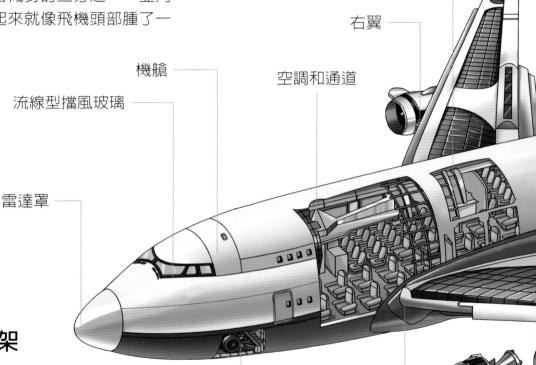

上甲板乘客艙

右翼

機艙

空調和通道

流線型擋風玻璃

雷達罩

左翼減速板

引擎進氣口

2 起落架

波音747起落架由4組4輪小車式主起落架,與一組位於機頭的雙輪前起落架組成。

前起落架

3 雙通道

波音747客機是寬體飛機，飛機截面直徑超過6公尺。設計者認為這個寬度足以容納一排9～10個經濟艙座位和兩條通道，這對於整個航空界而言是全新的概念，於是世界上首架雙通道飛機就誕生了。

4 載客量

波音747系列飛機載客量最大的是747-400D型飛機，特別為日本國內航線設計的高容量客運型飛機，客艙可載客568名。

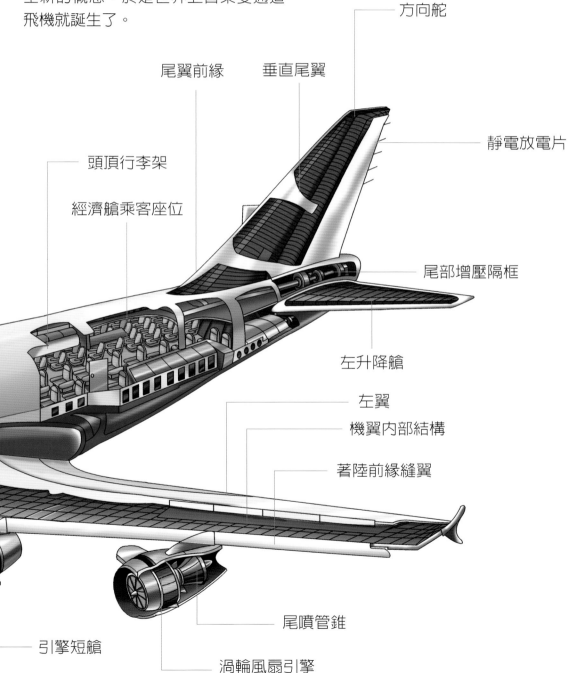

方向舵

尾翼前緣

垂直尾翼

靜電放電片

頭頂行李架

經濟艙乘客座位

尾部增壓隔框

左升降艙

左翼

機翼內部結構

著陸前緣縫翼

尾噴管錐

引擎短艙

渦輪風扇引擎

協和號客機

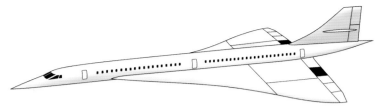

協和號飛機是由法國和英國聯合研製的中程超音速客機，於1969年首飛、1976年投入服務，它是世界上極少數可以將超音速技術運用於民用客機的飛機之一。只生產了20架，主要往返於倫敦希斯洛機場和巴黎戴高樂國際機場的定期航線。通體白色，整體就像美麗的白天鵝，被譽為世界上最漂亮的飛機。雖然協和號飛機比普通民航客機快很多，但維護成本高，耗油量大，所以機票價格遠遠高於普通民航客機，加上飛機起飛和降落時帶來的巨大雜訊，以及乘坐舒適度和安全性並不理想，2003年底就全部退役了。

 ## 外形特點

機身細長，機鼻尖尖的，飛行時猶如一根鋼針，高速刺向空氣之中，起降時，機鼻可以往下調5至12度，以利於擴大飛行員的視野。

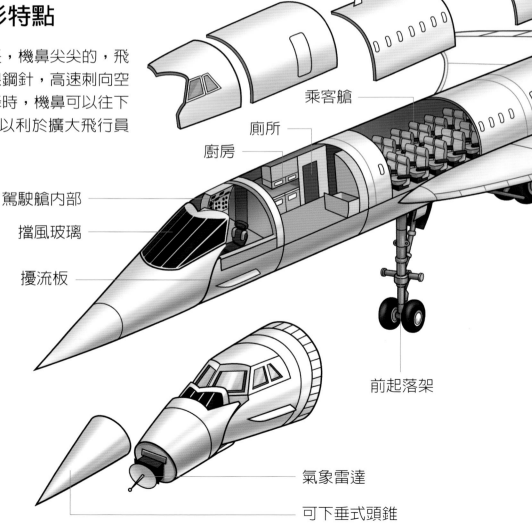

乘客艙

廁所

廚房

駕駛艙內部

擋風玻璃

擾流板

前起落架

氣象雷達

可下垂式頭錐

2 動力系統

　　為了適應超音速飛行，機翼採用三角翼，機翼前緣為S形。飛機共有四臺渦輪噴射引擎，飛行速度可以超過音速的兩倍，巡航速度為每小時2,150公里。

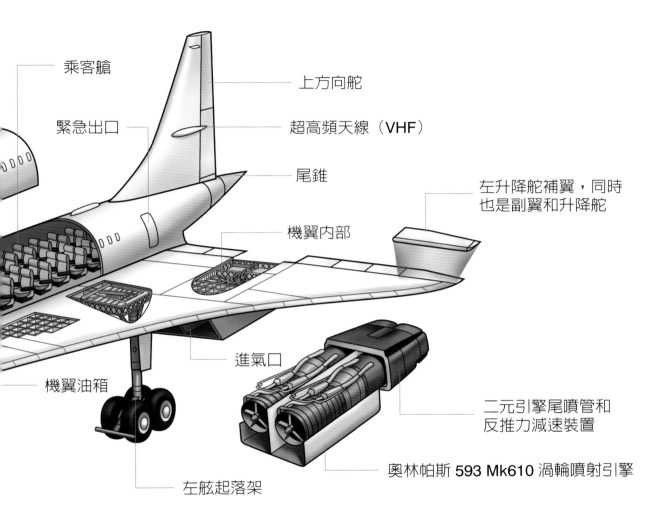

乘客艙

緊急出口

上方向舵

超高頻天線（VHF）

尾錐

左升降舵補翼，同時也是副翼和升降舵

機翼內部

機翼油箱

進氣口

二元引擎尾噴管和反推力減速裝置

奧林帕斯 593 Mk610 渦輪噴射引擎

左舷起落架

 ## 3 機艙

　　機身細長，機艙內部相對狹小，舒適度不高。

 ## 4 消音器和反推力裝置

　　協和號超音速飛行時，會產生如同炸彈爆炸一樣的音爆聲。為了減少噪音，在引擎上安裝了消音器。此外，為了減少飛機著陸時滑行的距離，還安裝了反推力裝置。

梅塞施密特戰鬥機

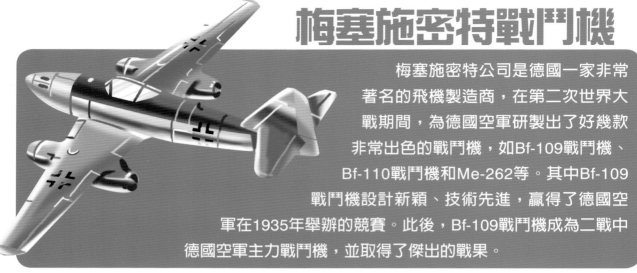

梅塞施密特公司是德國一家非常著名的飛機製造商,在第二次世界大戰期間,為德國空軍研製出了好幾款非常出色的戰鬥機,如Bf-109戰鬥機、Bf-110戰鬥機和Me-262等。其中Bf-109戰鬥機設計新穎、技術先進,贏得了德國空軍在1935年舉辦的競賽。此後,Bf-109戰鬥機成為二戰中德國空軍主力戰鬥機,並取得了傑出的戰果。

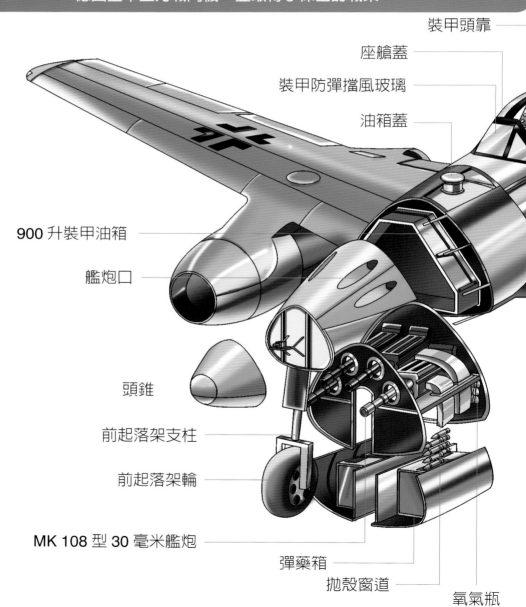

裝甲頭靠

座艙蓋

裝甲防彈擋風玻璃

油箱蓋

900 升裝甲油箱

艦炮口

頭錐

前起落架支柱

前起落架輪

MK 108 型 30 毫米艦炮

彈藥箱

拋殼窗道

氧氣瓶

1 無支撐下單翼

Bf-109戰鬥機採用全新的設計 —— 無支撐下單翼，意即機翼位於機身下方，沒有支撐的配件，僅有一個機翼。這種設計的特點是：停放簡單、起降性能好。

2 可收放起落架

Bf-109戰鬥機採用可收放起落架，這是當時戰鬥機最先進的設計特點。這種起落架可以在起飛時收入機體內，下降時從機體中放下，大大降低飛行阻力。

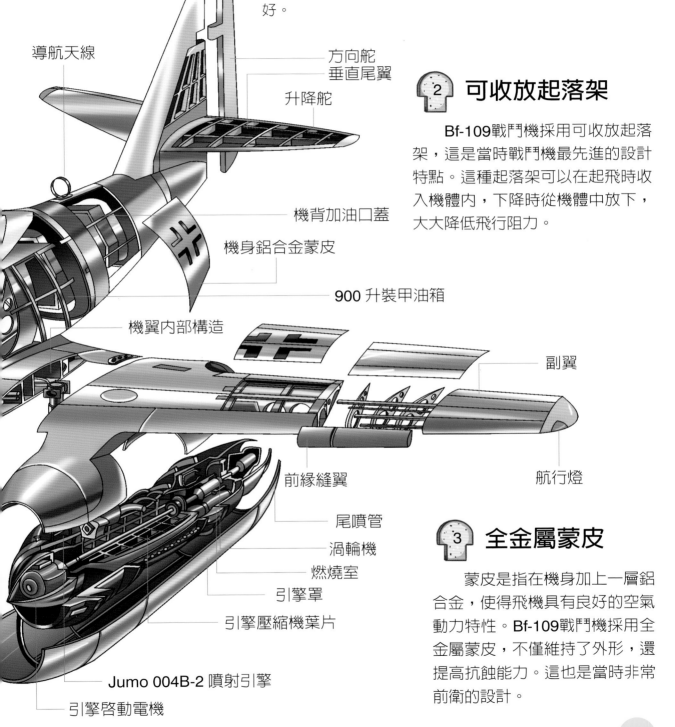

導航天線

方向舵
垂直尾翼
升降舵

機背加油口蓋
機身鋁合金蒙皮

900 升裝甲油箱

機翼內部構造

副翼

前緣縫翼

航行燈

尾噴管
渦輪機
燃燒室
引擎罩
引擎壓縮機葉片

Jumo 004B-2 噴射引擎

引擎啓動電機

3 全金屬蒙皮

蒙皮是指在機身加上一層鋁合金，使得飛機具有良好的空氣動力特性。Bf-109戰鬥機採用全金屬蒙皮，不僅維持了外形，還提高抗蝕能力。這也是當時非常前衛的設計。

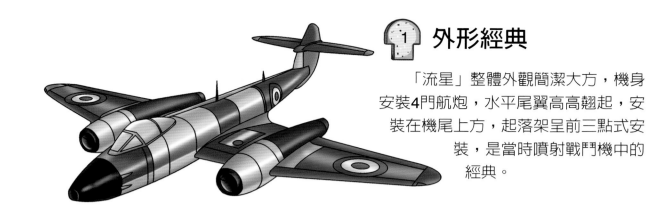

1 外形經典

「流星」整體外觀簡潔大方，機身安裝4門航炮，水平尾翼高高翹起，安裝在機尾上方，起落架呈前三點式安裝，是當時噴射戰鬥機中的經典。

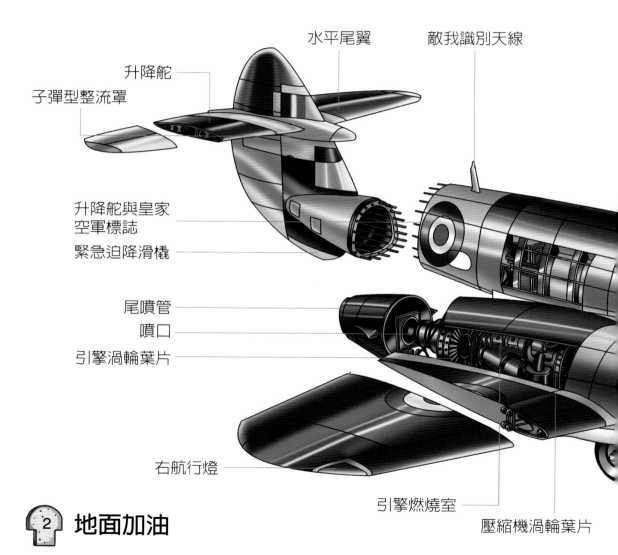

水平尾翼

敵我識別天線

升降舵

子彈型整流罩

升降舵與皇家空軍標誌

緊急迫降滑橇

尾噴管

噴口

引擎渦輪葉片

右航行燈

引擎燃燒室

壓縮機渦輪葉片

2 地面加油

早期的「流星」戰鬥機在地面進行加油。為避免油泵從油罐車中注入飛機油箱的過程中，遇到電火花發生爆炸，地勤人員必須穿防靜電的橡膠鞋，並且使用跌落地面也不會引起火花的黃銅工具加油。

格羅斯特「流星」戰鬥機

格羅斯特「流星」戰鬥機是由航空先驅者法蘭克‧惠特爾和喬治‧卡特設計。於1943年5月5日首飛,是第一架英國皇家軍使用的噴射戰鬥機。為了讓飛行員和地面射手識別,這架戰鬥機在戰時用油漆塗上圓形的皇家空軍標誌及一組小數位和字母。二戰後,該戰鬥機的各種型號被很多國家的空軍採用,其中很多還被用來訓練年輕飛行員,或者試驗新型航空裝備,如,彈射座椅等。

3 擊落 V-1 飛彈

V-1飛彈是德國生產,外觀像飛機,可以遠距離飛行並命中目標的炸彈。1944年夏天,一架格羅斯特「流星」戰鬥機在巡邏飛行時,發現了一枚V-1飛彈正往倫敦的方向飛去,當時航炮故障,飛行員果斷追擊,並用戰鬥機機翼插入飛彈彈翼底下,試圖挑翻飛彈,所幸飛彈最後墜毀了。這是「流星」第一次擊落V-1飛彈,堪稱航空史上的奇蹟。

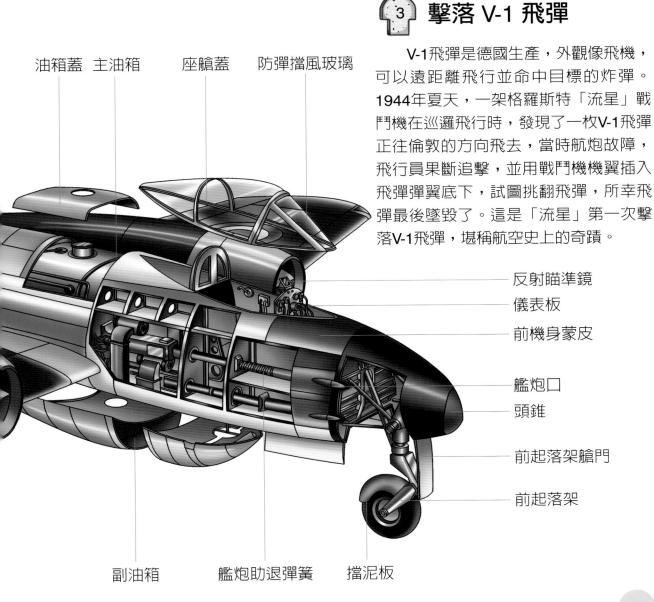

油箱蓋　主油箱　　座艙蓋　　防彈擋風玻璃

反射瞄準鏡
儀表板
前機身蒙皮

艦炮口
頭錐

前起落架艙門

前起落架

副油箱　　艦炮助退彈簧　　擋泥板

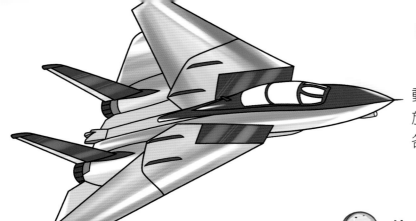

 ## 1 可變機翼

雄貓戰鬥機的機翼可以水平移動，可透過電腦控制機翼前後收放，以適應不同的飛行狀態遇到的各種情況。

3 先進的攻擊裝置

機身左側座艙下方設置一門20毫米口徑M61A1火神炮，用於近距離攻擊。機身腹部的掛架可攜帶各種飛彈，能命中200公里以外的空中目標。電腦控制的系統會自動測量目標距離，精確引導飛彈發射。

2 無線電信訊號

雄貓戰鬥機編組飛行時，機組之間採用無線電訊號加密的形式通話，不僅讓敵人很難破解內容，訊號也不容易受到阻隔和干擾。

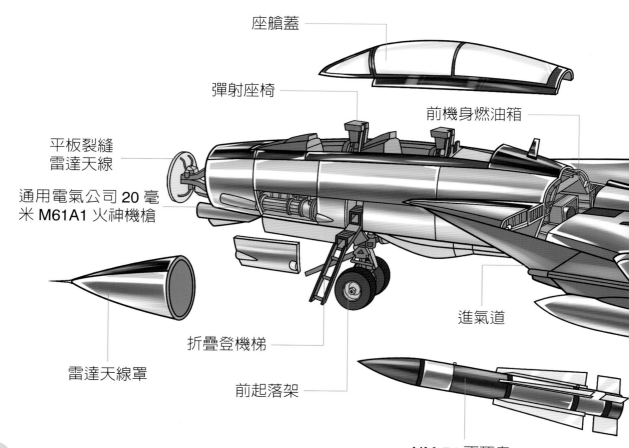

座艙蓋

彈射座椅

前機身燃油箱

平板裂縫
雷達天線

通用電氣公司 20 毫米 M61A1 火神機槍

進氣道

雷達天線罩

折疊登機梯

前起落架

AIM-54 不死鳥
長程空對空飛彈

F-14A 「雄貓」戰鬥機

F-14A雄貓戰鬥機是美國海軍曾使用的超音長程截擊大型艦載戰鬥機。主要為升空巡邏，防止敵方襲擊艦隊，保護沿岸的領空權。可供兩人乘坐，裝備強大的武器，能快速從甲板彈射升空。自從二十世紀七〇年代F14誕生以來，這種高速戰鬥機已經成為美國海軍艦隊遠端防空的主力。

高科技反攻擊裝置

雄貓戰鬥機有先進的反制系統，當被敵方的飛彈雷達鎖定時，可以立刻用反輻射飛彈沿著敵方雷達波，逆向開火反擊。除此之外，還可以拋射大量羽毛狀的金屬箔條，欺騙敵方的雷達飛彈，擺脫敵方飛彈的追蹤。

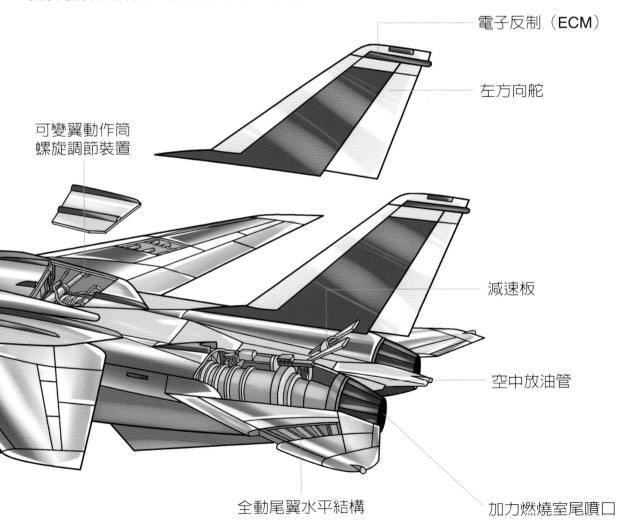

電子反制（ECM）

左方向舵

可變翼動作筒
螺旋調節裝置

減速板

空中放油管

全動尾翼水平結構

加力燃燒室尾噴口

美國 F-16 戰鬥機

F-16戰鬥機是世界上最成功的輕型戰鬥機種之一，結構簡單，只有一個引擎，價格便宜，性能可靠，於1978年末正式成為美國空軍裝備，之後逐漸變成美國空軍主力戰鬥機之一。F-16備受世界各國歡迎，從1976年開始批量生產，到現在共約4,600架，其中出口給其他國家的戰鬥機就超出千架，被稱為「國際戰鬥機」。

 大幅度優化視距

F-16採用泡狀座艙罩，大大提升駕駛員的視野，可達360°。此外，前後座艙由兩塊透明玻璃板隔開，均可獲得非常好的視界。這種大幅度優化視距的設計是一大亮點。

翼尖飛彈

前緣襟翼驅動液壓馬達

雷射照射器

9 發火箭筒

企鵝「空艦飛彈」

 動力裝置

引擎的進氣道位於飛機的腹部，有利於機動飛行時，降低進氣流所受的干擾，還能避免吸入機炮的煙霧。

空速管

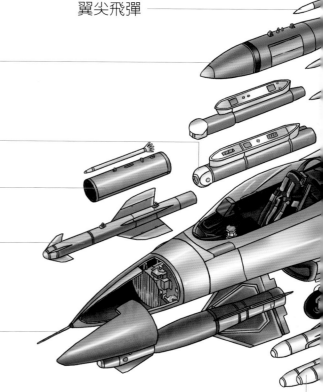

「小牛」空對面飛彈

3 邊條翼

F-16戰鬥機採用新型的機翼——邊條翼,即在約25～45度左右的後掠角的機翼根部前緣,加裝一個複合機翼,它是由有大後掠角的細長翼所組成的,可大大改善機翼的升力特性。

 ### 4 放寬靜穩定度

F-16戰鬥機的總體布局上採用「放寬靜穩定度」的技術。靜穩定度是指氣動中心到飛機重心的距離,而放寬靜穩定度就是飛機的重心比普通飛機的重心更往前,所以,尾翼的品質不必太高,面積也不用太大,就可以保證整架飛機的穩定性,大大降低飛機重量的同時,也讓F-16在超音速狀態下具有較高的升力。

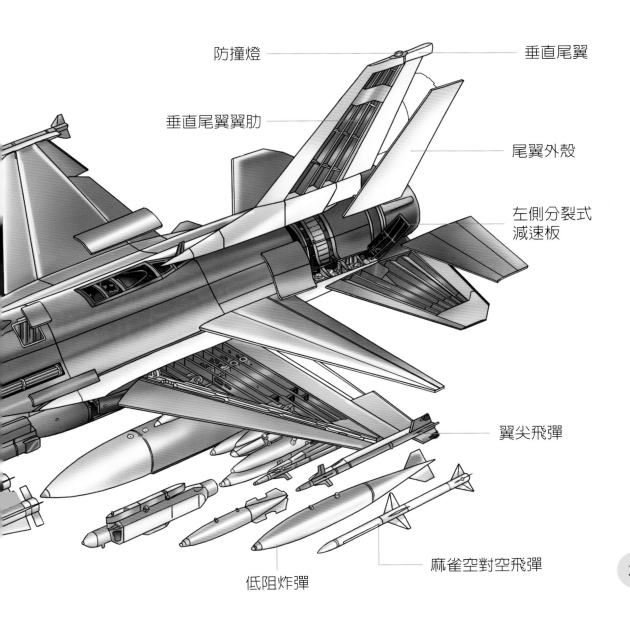

防撞燈

垂直尾翼翼肋

垂直尾翼

尾翼外殼

左側分裂式減速板

翼尖飛彈

麻雀空對空飛彈

低阻炸彈

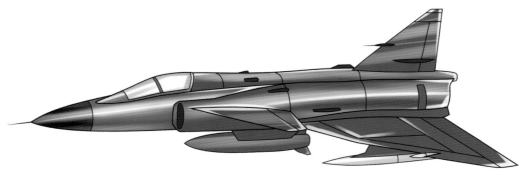

薩伯雷式戰鬥機

薩伯雷式戰鬥機是瑞典生產的多用途噴射式戰鬥機，於1971年正式服役。當飛機換上了某些設備之後，可以分別執行攻擊、截擊、偵察和訓練等任務，是瑞典為之驕傲的戰鬥機。

1 鴨翼

主機翼的前面配備了一個小型三角翼，稱為鴨翼。鴨翼本身產生的升力並不大，基本上為渦流發生器，可以將氣流集聚主翼上方，增加飛機的升力和機動性，大大提高爬升速度。

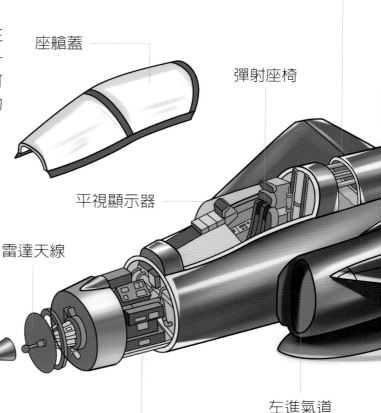

前燃油箱加注口

座艙蓋

彈射座椅

平視顯示器

雷達天線罩

雷達天線

空速管

左進氣道

LM. 愛立信公司 PS-37/A 雷達設備

3 強大的反推力裝置

引擎尾噴管內末段有三塊可伸縮推力的擋板，當飛機著陸時，三塊擋板便會自動伸出，切入引擎噴氣尾流中，將尾噴管口的強大噴射氣流導向機身前方，並迅速制動，在跑道降落，滑跑距離不超過500公尺。

2 作戰維護

機體下方有一百多個維護用艙門，維護時不需使用扶梯，地勤人員在地面即可完成維護作業。

 ## 4 武器系統

早期使用的主要武器是 Rb-04 空艦飛彈，後期為先進的 RBS-15F 空艦飛彈，偶爾也掛載 120 公斤炸彈和30毫米航炮吊艙。

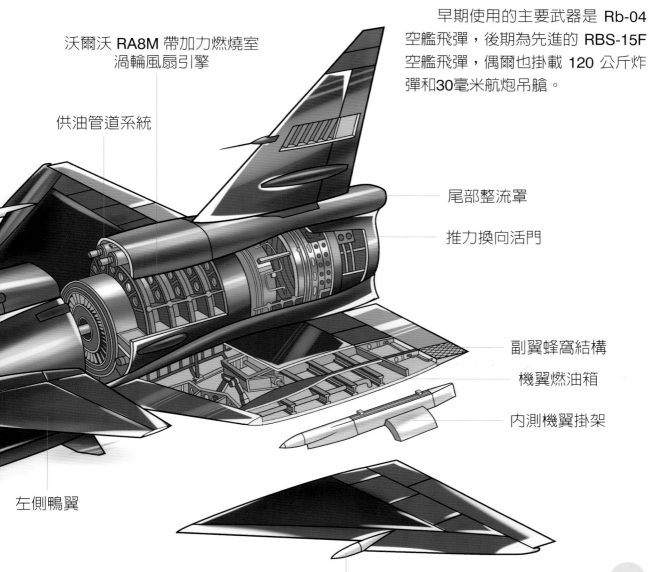

沃爾沃 RA8M 帶加力燃燒室渦輪風扇引擎

供油管道系統

尾部整流罩

推力換向活門

副翼蜂窩結構

機翼燃油箱

內測機翼掛架

左側鴨翼

電子反制（ECM）

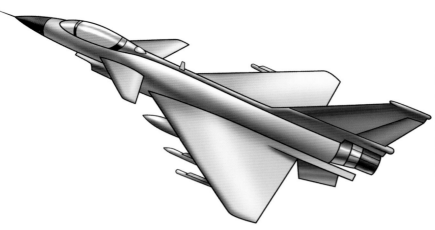

1 翼身融合

殲-10使用「翼身融合」的設計概念，融合了傳統的機身和機翼結構，讓整體機身猶如飛行翼，有利於提高升力，以及燃油效率。

中國殲-10 戰鬥機

殲-10戰鬥機是中國自行研製的單駕駛座單引擎戰鬥機，1998年，殲-10原型機首飛成功，並於2004年正式服役。採用大推力渦扇引擎和鴨翼式氣動布局，在尾噴管前端的機腹下，加裝了兩片外斜腹鰭，即使機身有高大的垂直尾翼，也可以保持飛機的穩定性。殲-10戰鬥機是中國非常重要的中型、多功能、超音速、全天候空中優勢戰鬥機。

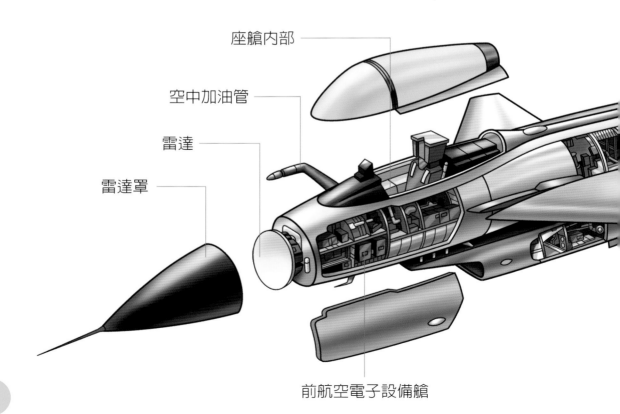

座艙內部

空中加油管

雷達

雷達罩

前航空電子設備艙

2 鴨式布局

　　採用鴨式布局的氣動方式,將水平尾翼移至主翼前方的機頭兩側,不僅可以用較小的翼面達到同樣的操縱效能,同時也讓前翼和機翼產生升力,與水平尾翼會產生向下的壓力相比,性能大大提高。早期的鴨式布局飛起來時宛如一隻鴨子,故稱為「鴨式布局」。

3 採用三具彩色下顯

　　採用三具彩色下視顯示器(簡稱下顯)和一具平視顯示器(簡稱為平顯)的座艙布局。其中兩具下顯顯示飛航和武器狀態,另一具則較大,用於輸出脈衝都卜勒火控雷達傳回來的數字地圖,並切換平顯的顯示圖像,有利於駕駛快速了解飛機的狀況。

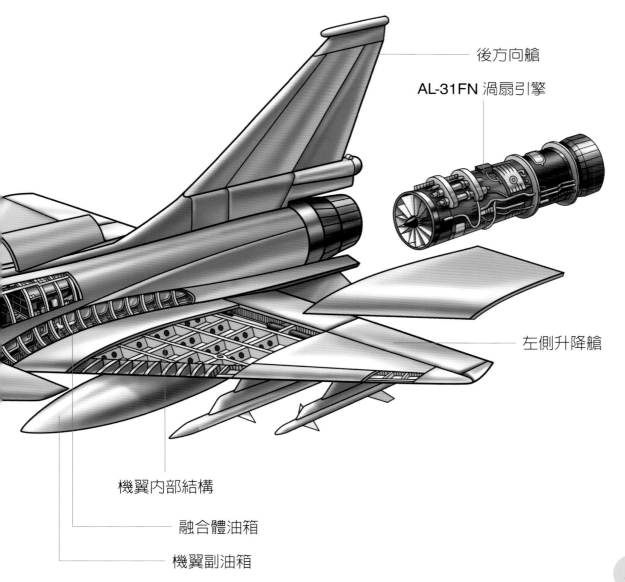

後方向艙

AL-31FN 渦扇引擎

左側升降艙

機翼內部結構

融合體油箱

機翼副油箱

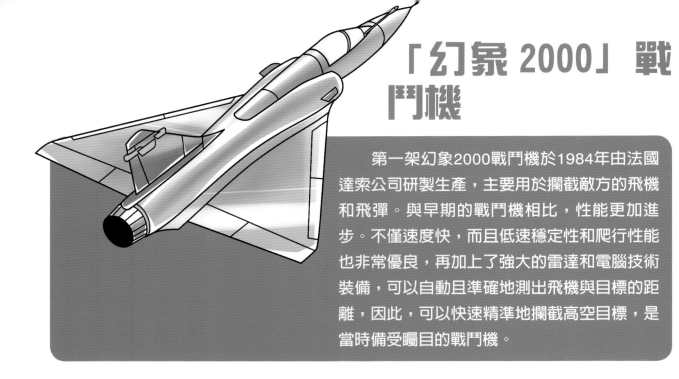

「幻象 2000」戰鬥機

第一架幻象2000戰鬥機於1984年由法國達索公司研製生產，主要用於攔截敵方的飛機和飛彈。與早期的戰鬥機相比，性能更加進步。不僅速度快，而且低速穩定性和爬行性能也非常優良，再加上了強大的雷達和電腦技術裝備，可以自動且準確地測出飛機與目標的距離，因此，可以快速精準地攔截高空目標，是當時備受矚目的戰鬥機。

1 無尾三角翼

最明顯的特徵是沒有尾翼，機翼採用大三角形的三角翼，有利於減少高速飛行時的空氣阻力，機翼周邊安裝副翼和襟翼，可配合完成轉向、爬升等動作。

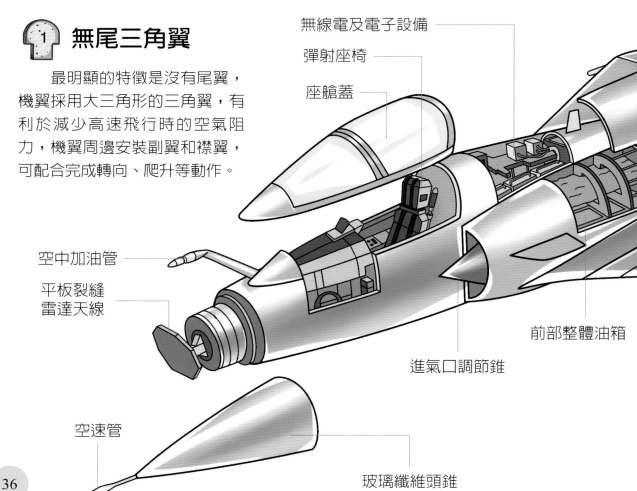

無線電及電子設備
彈射座椅
座艙蓋
空中加油管
平板裂縫雷達天線
空速管
前部整體油箱
進氣口調節錐
玻璃纖維頭錐

2 線傳飛控系統

採用先進的線傳飛控系統，將飛行員的動作指令變成電子訊號送往機載電腦，再由電腦執行操作，控制飛行。與早期噴射戰鬥機依靠飛行員推拉駕駛桿、蹬踏方向舵、腳蹬驅動液壓動作筒等操作來控制飛行相比，更為精確。

3 高科技飛彈

機翼和機身下掛載了各種飛彈，除了當時比較常見的運用雷達感應命中目標的雷達飛彈、紅外線飛彈外，還配備了能沿著雷射光束命中目標的高科技雷射導引飛彈。

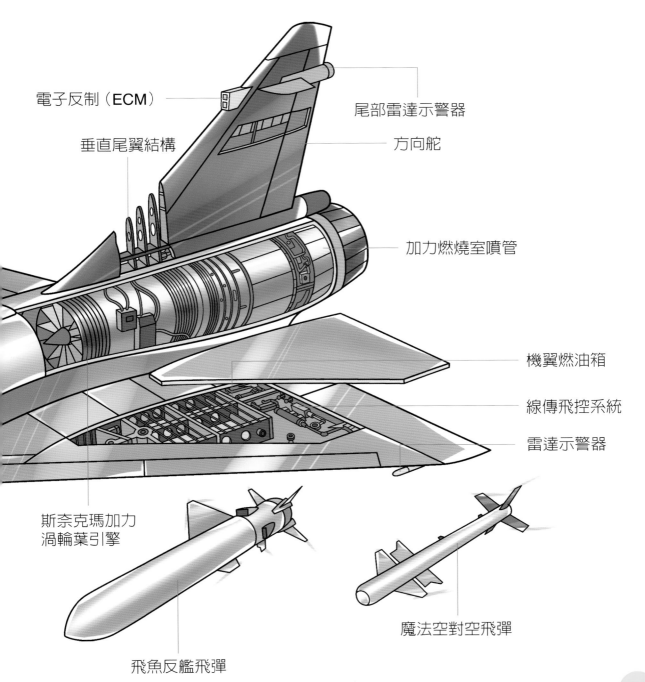

電子反制（ECM）

垂直尾翼結構

尾部雷達示警器

方向舵

加力燃燒室噴管

機翼燃油箱

線傳飛控系統

雷達示警器

斯奈克瑪加力渦輪葉引擎

魔法空對空飛彈

飛魚反艦飛彈

「龍捲風」GR.Mk4 戰鬥機

飛機外殼

「龍捲風」戰鬥機是北大西洋公約組織基於靈活應對突發事件的戰略思想而研製的，於1980年開始服役，特點為：體型較小、速度快、動力足、火力強大、操作靈活，是近距空中支援、戰場遮斷、截擊、防空、對海攻擊、電子反制、偵察的有力武器。

 ## 變後掠翼

採用新穎的變後掠翼結構，簡單解釋就是為了減少飛行阻力，機翼可以水平向後折疊，有利於提高飛行速度。

空中受油管

雷達天線

雷達天線罩

空氣資料感測器

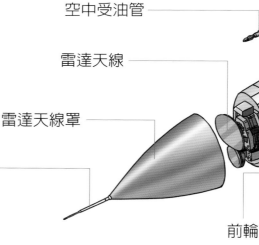

駕駛艙

前輪

雷射測距目標指示搜索器

 ## 多種型號

根據不同的用途，生產了不同的型號：阻絕打擊機、防空攔截機、電子偵察等三種類型，圖中所示為阻絕打擊機。此型號擁有高精密攻擊武器和精確導航系統，可以有效攻擊隱藏在濃霧中的目標，以及那些以高速飛行的低噪音、低振動強度的目標。

串聯雙座

　　座艙有兩個座位，且為前後串置，縮小飛機寬度，降低阻力，提高飛行速度。

 火力強大

　　火力非常強大，最大載彈量可達9,000公斤，為最大起飛重量的三分之一。此外，還有BK-27機炮，7個外掛架，可掛載各種威力強大的武器。

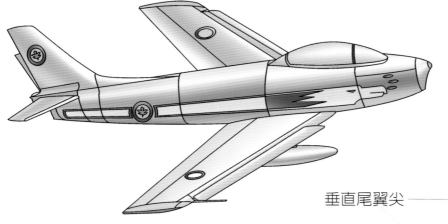

F-86 軍刀戰鬥機

F-86軍刀戰鬥機是美國設計的第一代噴射戰鬥機，用於空戰，攔截與轟炸。該機於1949年服役。它是世界上首架俯衝速度可達到超音速的飛機，也是美國第一架裝備彈射椅，第一架可以攜帶空對空飛彈的戰機。世界上許多國家都購買使用過，直到二十世紀六○年代末，才逐漸被淘汰。現存F-86軍刀戰鬥機大多改裝成無人駕駛靶機，用於作戰訓練。

垂直尾翼尖

右水平翼

引擎高溫尾噴管

放油口

減速板液壓動作筒

減速板（張開狀態）

皮托靜壓管

右翼航行燈

右翼副油箱

 副油箱

左右機翼下方各安裝了一個副油箱。飛行時先使用副油箱的燃料，燃料用盡後，可拋棄副油箱，減輕重量。

副油箱掛架　　油料

2 座艙氣壓調節

設計了以前從未應用在戰鬥機上的座艙氣壓調節系統，可使飛機在高空飛行，面對空氣稀薄、溫度、氣壓降低的惡劣環境時，座艙內還有舒適的空間。

3 獨特的後掠翼

主機翼採用後掠翼設計，後掠翼是指飛機機翼不是垂直於機身，而是向後伸展，這種設計可以降低飛行阻力，提高飛行速度。

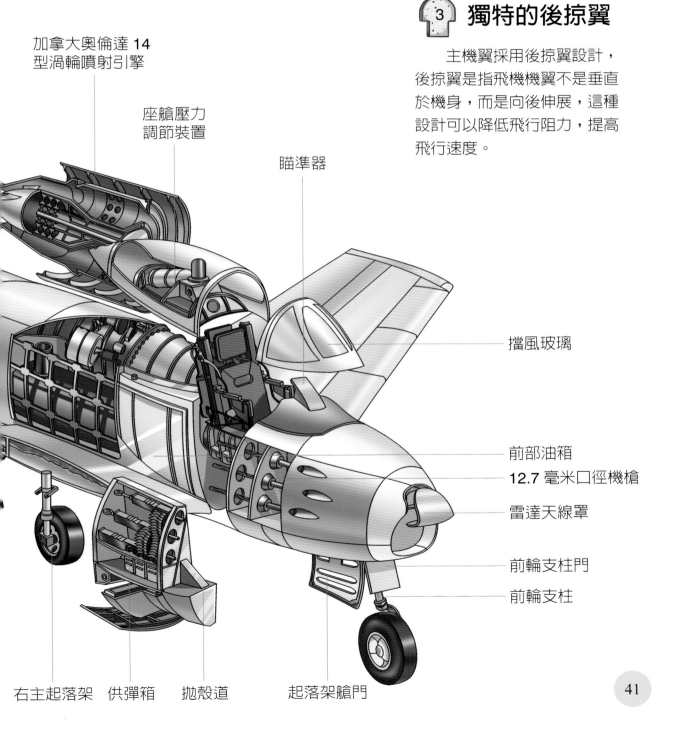

加拿大奧倫達 14 型渦輪噴射引擎

座艙壓力調節裝置

瞄準器

擋風玻璃

前部油箱

12.7 毫米口徑機槍

雷達天線罩

前輪支柱門

前輪支柱

右主起落架　供彈箱　拋殼道　　起落架艙門

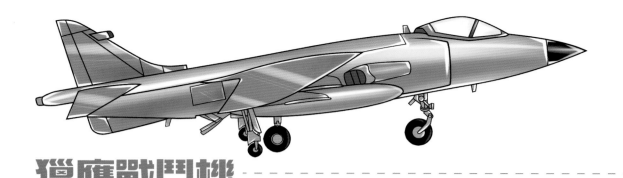

獵鷹戰鬥機

獵鷹戰鬥機是一種可以垂直起降的固定翼戰鬥機。世界上第一架獵鷹戰鬥機是英國研製的，1969年在英國空軍服役，主要使命是海上巡邏、艦隊防空、攻擊海上目標、偵察和反潛等。2013年12月15日，服役半個世紀後正式退役。

 ## 獨特的起飛與降落方式

機身前後有4個可旋轉的動力噴氣口，起飛時，噴管轉向地面噴射氣流，使飛機從地面升空，接著噴管轉向後方，推動飛機往前飛行。降落時，飛機會先在減速板的作用下懸停或飄浮在空中，然後以這個姿態緩緩下降，最終輕輕地著陸。

交流發電機

勞斯萊斯渦輪風扇引擎

馬丁貝克彈射座椅

座艙蓋

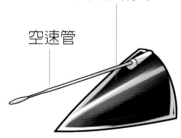

雷達天線罩

空速管

雷達天線

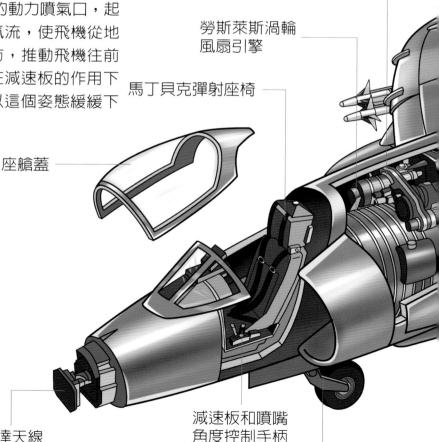

減速板和噴嘴角度控制手柄

前起落架

2 駕駛技術高

　　普通噴射戰鬥機只有起飛和降落兩種操作模式，而獵鷹飛行員必須操控四個旋轉式噴氣管，控制旋轉角度和噴氣的力度，來確保飛機的平衡，以及必須的升力或降力。如果在夜間或航行中的軍艦甲板上起降，飛行員需要考慮的因素就更多了。

3 彈藥

　　可以搭載的武器種類非常豐富，如反幅射飛彈、精確導引炸彈、集束炸彈，響尾蛇對空飛彈、「馬特拉」火箭彈等。

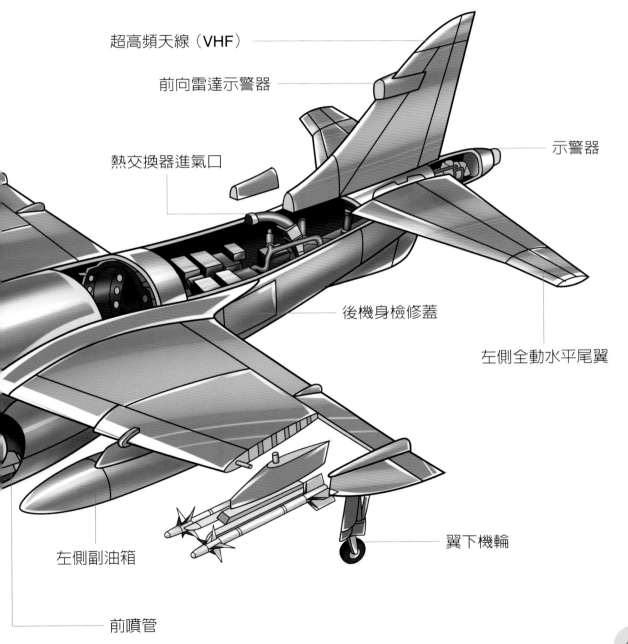

超高頻天線（VHF）

前向雷達示警器

示警器

熱交換器進氣口

後機身檢修蓋

左側全動水平尾翼

左側副油箱

翼下機輪

前噴管

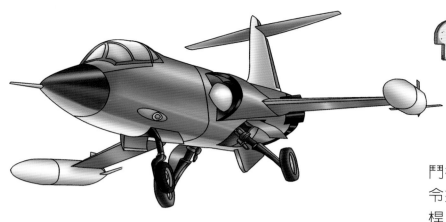

失速控制系統

失速是指飛機處在某個飛行狀態時，空氣的升力小於飛機的重力，這情形非常危險。F-104星式戰鬥機失速時，失速控制系統會令操縱桿產生振動，並自動推桿，迫使飛機調整飛行狀態，以免失速墜落。

星式戰鬥機

F-104星式戰鬥機是世界上第一架擁有兩倍音速速度的戰機，由美國洛克希德公司設計製造，於1958年成為美軍裝備。因為F-104星式戰鬥機飛行速度極快，外型小巧而細長，所以被人稱作「有人駕駛導彈」。目前最後一個使用的國家為義大利，也已經將所有F-104S除役，結束50年的服役生涯。

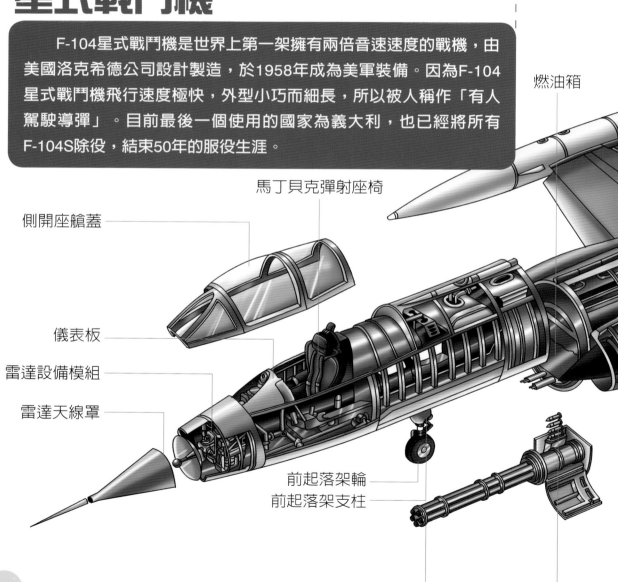

燃油箱

馬丁貝克彈射座椅

側開座艙蓋

儀表板

雷達設備模組

雷達天線罩

前起落架輪
前起落架支柱

M61火神式機炮（20毫米）　航炮彈鏈

T 形尾翼

　　尾翼採取T形布局，平尾尾臂較長。這種設計能讓飛機在高速水平飛行時，阻力變小，也很平穩。

 ## 「響尾蛇」空對空飛彈

　　左右機翼尖各懸掛1枚「響尾蛇」空對空飛彈，此款是紅外線追蹤的空對空飛彈，它可以循著敵方戰鬥機尾噴管的熱量，跟蹤、打擊敵機，精準度高，威力大。

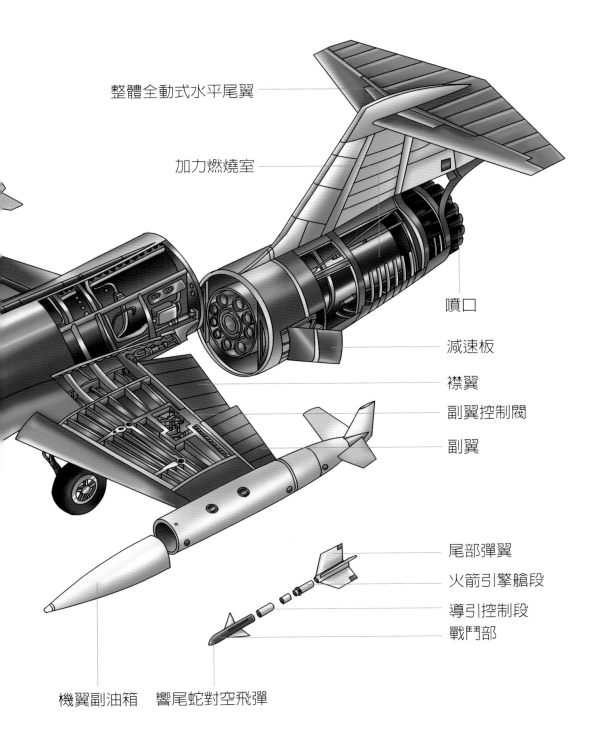

整體全動式水平尾翼

加力燃燒室

噴口

減速板

襟翼

副翼控制閥

副翼

尾部彈翼

火箭引擎艙段

導引控制段

戰鬥部

機翼副油箱　　響尾蛇對空飛彈

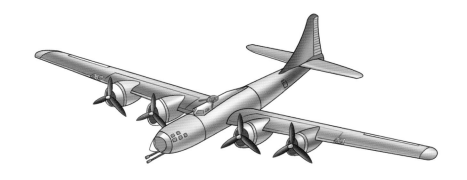

「飛行堡壘」轟炸機

B-17轟炸機是第二次世界大戰初期，美國空軍的主要戰略轟炸機。它不僅載彈量大而且堅固可靠，有些在戰場上受到令人難以置信的破壞之後，還能倖存下來並飛回基地，因此挽救了不少機組成員的性命，因而被人稱為「飛行堡壘」。

 ## 三葉螺旋槳

外觀上最大的特點就是：左右副翼分別配備了兩個三葉螺旋槳，在引擎的驅動下快速旋轉，進而產生推動力。

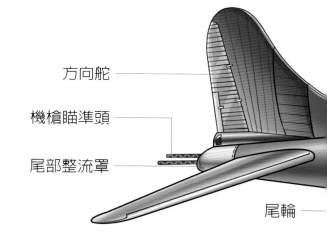

方向舵

機槍瞄準頭

尾部整流罩

尾輪

 ## 機槍炮塔

機身安裝了四個流線型機槍炮塔，一個位於機背靠近機翼後緣，一個位於機腹機翼後緣後方，其餘分別安裝在後機身腰部兩側。機槍藉由內部的支架自由轉動，每個支架可以安裝一架7.62毫米或12.7毫米機槍，威力勢不可擋，讓人生畏。

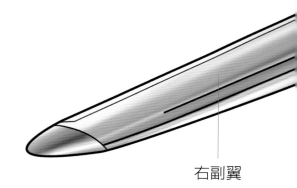

右副翼

 **尾輪**

尾輪位置非常低，升降舵放下時會接觸到地面。為了避免飛機停放在地面時，升降舵暴露在外造成損壞，升降舵無法完全調節出來，而是鎖在中間位置，因此，在起飛之前，飛行員必須先解除鎖定。

 主起落架

主起落架可以向前收起到內側引擎艙，主輪不能完全收入，邊緣會暴露在氣流中，需進一步改進。

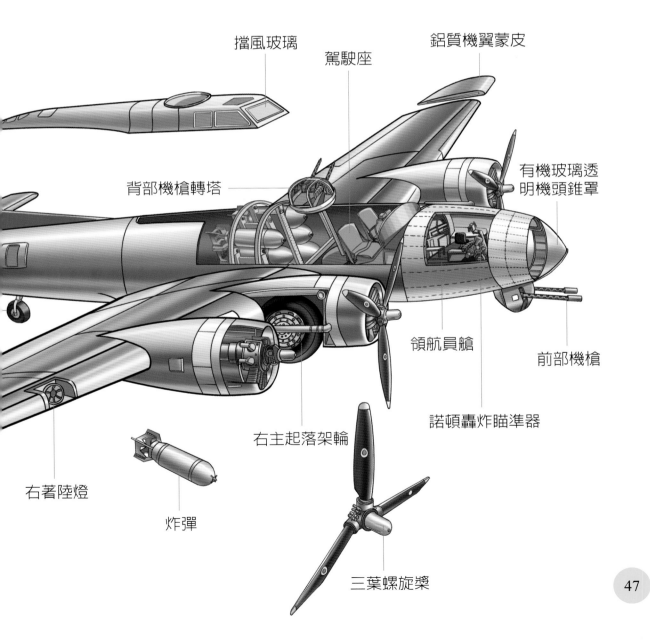

擋風玻璃

駕駛座

鋁質機翼蒙皮

背部機槍轉塔

有機玻璃透明機頭錐罩

領航員艙

前部機槍

諾頓轟炸瞄準器

右主起落架輪

右著陸燈

炸彈

三葉螺旋槳

「火神」B.MK.2 轟炸機

「火神」轟炸機為中程戰略噴射轟炸機，與勇士轟炸機和勝利者轟炸機構成了英國戰略轟炸機的三大支柱。1947年開始研製，並於1952年8月試飛成功，1956年服役於英國空軍，直到1991年才退役，是三大支柱中服役最長的轟炸機。最重要的兩種改型為火神B.Mk.1和火神B.Mk.2，圖中所示即為火神B.Mk.2。

1 三角翼無尾飛機

採用三角翼，即機翼的平面形狀呈三角形，具有後掠角大，結構簡單的特點，是世界上最早採用三角機翼、無平尾的飛機。

2 機組成員 5 人

一臺火神轟炸機配備5名機組成員，包括正副駕駛員、電子設備操作員、雷達操作員及領航員。正副駕駛員乘坐的駕駛艙位置較高，於有凸起的座艙罩，可保護駕駛員，以及擴大所需之視野。與眾不同的是，座艙罩還可以拆除，維護起來非常方便。

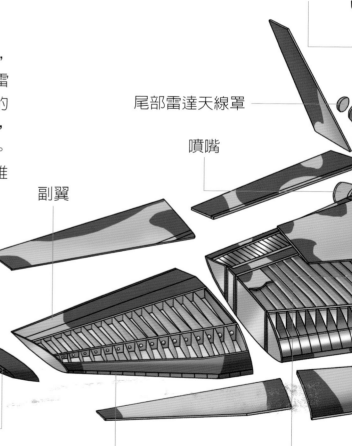

方向舵

尾部雷達天線罩

噴嘴

副翼

翼尖天線

右側航行燈

有曲線的前緣

平行翼弦的機翼蒙皮

3 登機艙門

登機艙門設置於前起落架的前方，艙門內側巧妙地集成了臺階和可收放的梯子，在緊急跳傘時，梯子可以輕易拆除。

 4 彈藥

機身腹部安裝了一個長達8.5公尺的炸彈艙，可以掛載21顆454公斤的炸彈、核彈，或一枚「藍劍」空對面飛彈，是當時火力猛烈的轟炸機之一。

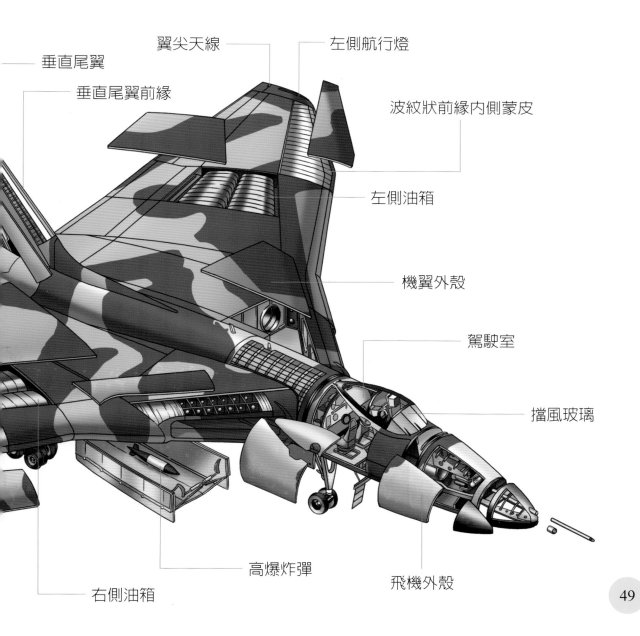

翼尖天線

左側航行燈

垂直尾翼

垂直尾翼前緣

波紋狀前緣內側蒙皮

左側油箱

機翼外殼

駕駛室

擋風玻璃

高爆炸彈

飛機外殼

右側油箱

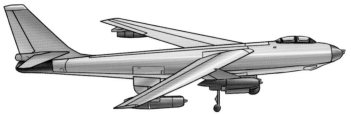

 座艙

　　機身前段為氣密座艙，三個座位，這在轟炸機中極為少見。其中正副駕駛座前後串列，領航員座在前方，三個座位都為彈射座椅，正副駕駛座採用向上彈射，領航員則是向下彈射。

 動力充足

　　B-47E-II「同溫層噴氣」轟炸機是由B-47B發展的生產型，有6臺渦輪噴射引擎，機身後段掛架上有33個推力為450公斤的固體燃料火箭助飛器，動力十足，速度可達977公里／時，是轟炸機中速度最快的飛機之一。

 彈藥

　　配備了一個2門20毫米機炮，並在機尾遙控回轉炮塔上安裝射擊雷達瞄準器，大大提高精確度。此外，在中機身段兩個主起落架之間，有一個長7.9公尺的彈艙，可以掛載一枚4,500公斤的核彈，威力十足。

外側引擎艙

右側外掛油箱

內側雙引擎艙

右側翼下起落架

空中加油受油嘴

轟炸瞄準潛望孔

機腹雷達天線罩

機組人員入口

產量大

　　B-47從1951年開始大量生產，截至1957年2月，加上各種變型的型號，總共生產了2,060架，甚至在一段時間內，大概有1,800架同時在戰略空軍服役，這是戰略轟炸機史上第一次出現如此壯觀的現象。

B-47E-II「同溫層噴氣」轟炸機

B-47「同溫層噴氣」轟炸機屬於中程轟炸機，主要用於在中高空對敵目標進行轟炸。它由美國波音公司研製，是世界上第一款實用的戰略噴射轟炸機。B-47原型機在1947年12月首飛，速度非常快，比當時大多數戰鬥機的速度還快，深受空軍們的喜愛。有多種改型，包括：B-47B、XB-47、B-47A、RB-47E、B-47E-II、RB-47B等，圖中所示即為B-47E-II「同溫層噴氣」轟炸機。

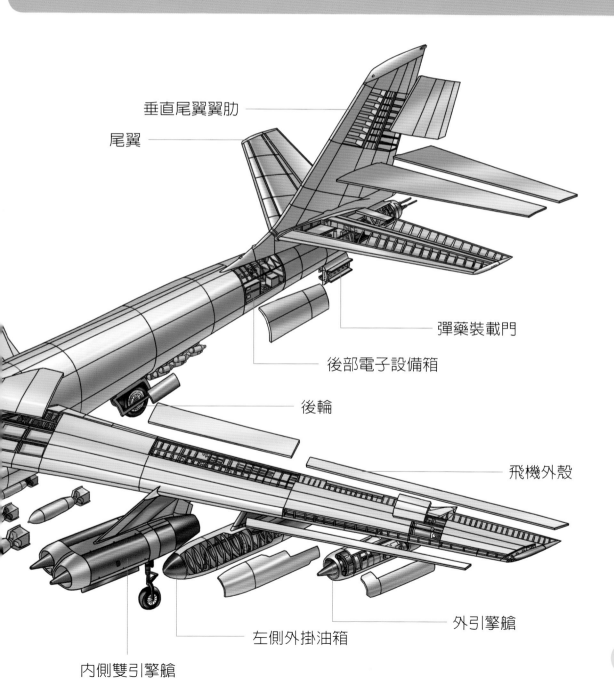

垂直尾翼翼肋

尾翼

彈藥裝載門

後部電子設備箱

後輪

飛機外殼

外引擎艙

左側外掛油箱

內側雙引擎艙

1 機翼承力組件

B-1B的機翼，主要是在承受力量，因此，機翼絕大部分使用鈦合金製造，翼套大型整流罩則採用玻璃纖維。

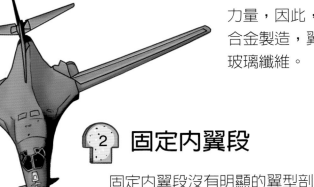

2 固定內翼段

固定內翼段沒有明顯的翼型剖面，它的前緣後掠角較大，而且非常鈍，可以容納各種電子反制系統。

右側機翼

3 先進的航電系統

為增強低空突防能力，B-1B採用複雜的航電系統，如自動飛行控制系統，負責導航、武器管理，以及投放的進攻航電系統、防禦航電系統。其中進攻航電系統無需任何光學和雷射瞄準系統，即可精確投放傳統炸彈。

4 固定進氣道

B-1B採用固定進氣道，兩組引擎短艙斜切進氣口，背靠背面向兩側，進氣口內有一組擋板，是用來折射雷達波，以免直接照射在引擎風扇葉片上。

右側前緣
射頻監控

彈射座椅

多用途相位陣
列雷達天線

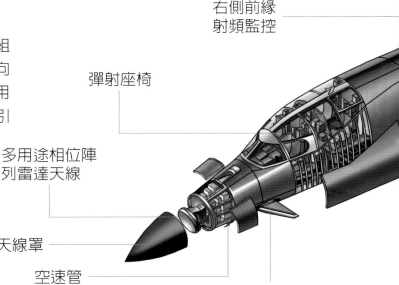

雷達天線罩

空速管

結構模式控制
系統前安定面

B-1B「槍騎兵」超音速戰略轟炸機

B-1「槍騎兵」轟炸機是二十世紀七〇年代研製成功的重型長程戰略轟炸機。它於1974年首次試飛，並於1985年開始服役。B-1B「槍騎兵」超音速戰略轟炸機是B-1「槍騎兵」轟炸機的主要改型，主要用於低空高速突防，直到2013年，還有六十多架服役於美國空軍，是美國空軍戰略威懾主要力量之一。

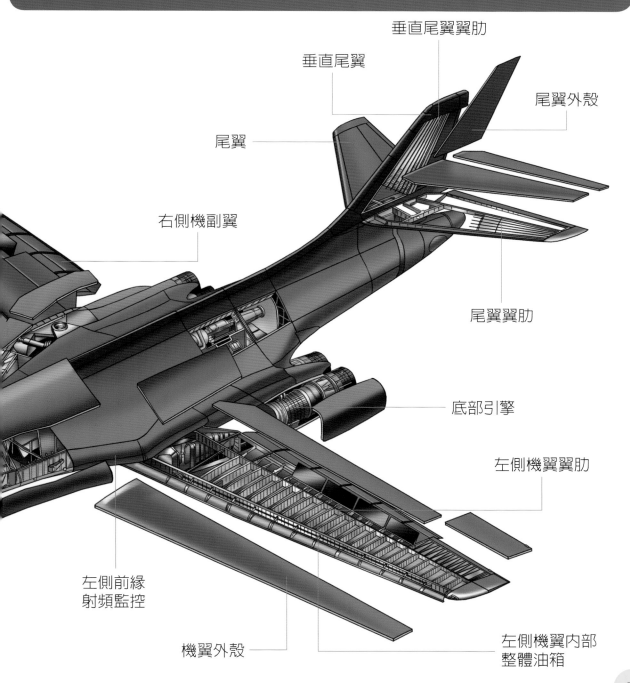

垂直尾翼翼肋

垂直尾翼

尾翼外殼

尾翼

右側機副翼

尾翼翼肋

底部引擎

左側機翼翼肋

左側前緣
射頻監控

機翼外殼

左側機翼內部
整體油箱

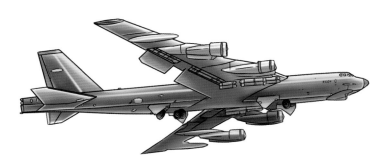

彈艙天花板

彈艙天花板同時也是油箱地板，非常平整，兩側還設有加強筋，提高整體結構的強度。

突防能力增強

B-52裝備了美國第一種戰略空對面飛彈——AGM-28「大獵犬」巡弋飛彈，突防能力大大增強，重達400萬噸，尺寸巨大，掛在內側機翼的發射架上，可用來攻擊敵方雷達，在敵方嚴密的防控體系下找到突破點。

機身橫截面為矩形

機身橫截面大致為矩形，與卵形橫截面相比，彈艙的有效容積更大。

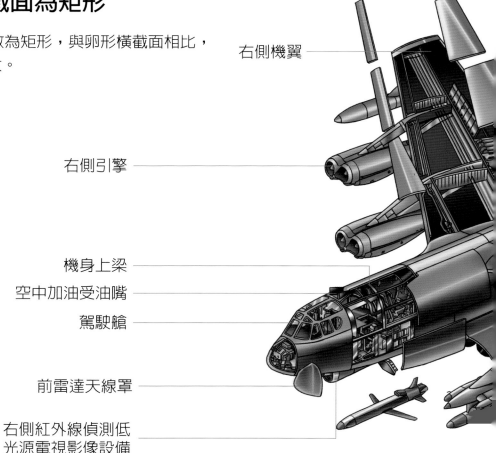

右側機翼

右側引擎

機身上梁

空中加油受油嘴

駕駛艙

前雷達天線罩

右側紅外線偵測低
光源電視影像設備

B-52 「同溫層堡壘」戰略轟炸機

波音B-52次音速遠程戰略轟炸機，俗稱「同溫層堡壘」，是一款配備了八臺引擎的轟炸機，是美國唯一能發射巡戈飛彈的戰略轟炸機，美國空軍預計讓B-52服役至2050年，時間長達90年，是美國空軍戰略的轟炸主力。

 4 機翼結構具有彈性

機翼結構極具彈性，翼尖能往上彎曲6.7公尺、往下彎曲3公尺，絲毫不影響整個機身結構的穩定性。

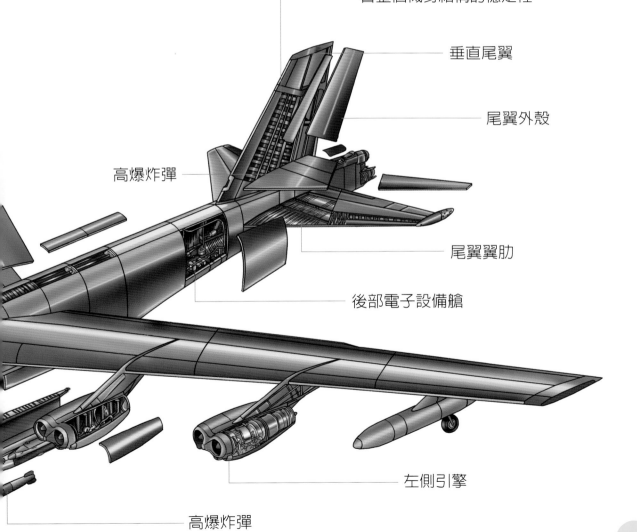

垂直尾翼翼肋

垂直尾翼

尾翼外殼

高爆炸彈

尾翼翼肋

後部電子設備艙

左側引擎

高爆炸彈

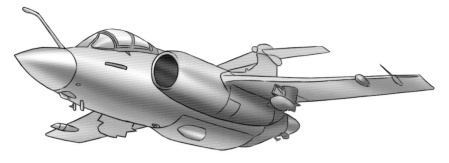

「掠奪者」攻擊機

「掠奪者」攻擊機於二十世紀五〇年代開始研製，首架原型機於五〇年代末試飛成功，是非常優秀的艦載低空海上攻擊機，也是二十世紀六〇年代英國海軍的殺手鐧之一。它的出現是因為當時的英海軍，為快速突破敵軍艦載雷達和防禦防空飛彈，而集中科技力量研製的低空高速艦載攻擊機。

1 尾錐

尾錐由兩塊減速板構成，在液壓系統的作用下，可向左、右兩側打開，對於俯衝狀態下的減速非常有用。

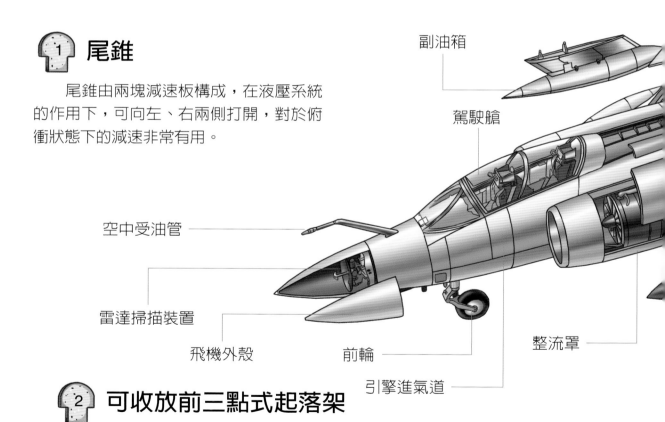

副油箱

駕駛艙

空中受油管

雷達掃描裝置

飛機外殼

前輪

整流罩

引擎進氣道

2 可收放前三點式起落架

採用前三點式起落架，即兩個支點（主輪）對稱的安置在飛機重心後面，第三個支點（前輪）安置在機身前部。起落架還可以收放，主起落架可以向內側收入引擎短艙下方的輪艙內，前起落架可以向後收入前機身座艙下方，減少飛行阻力。

3 掠奪者 S.MK2B

　　「掠奪者」攻擊機發展出多種型號，圖中所示為
S.MK2B，是空軍陸基攻擊／偵察型。它攜帶「瑪
特拉」空對面飛彈，可在彈艙內安裝照相偵察
設備，機身彈艙門外還能掛載一個容量為約
1,923升的副油箱。

特高頻天線

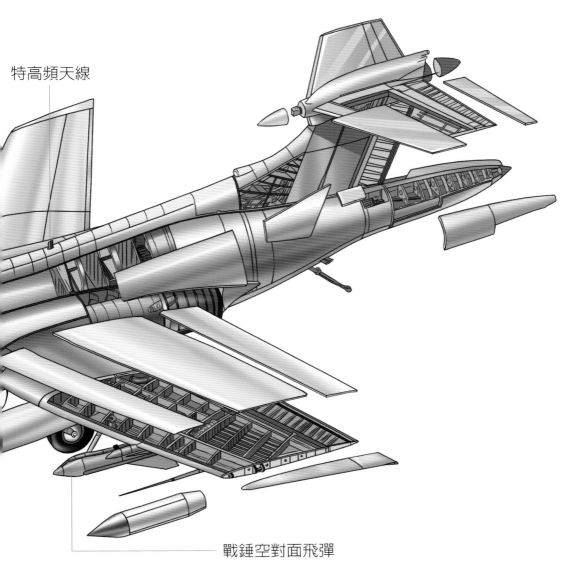

戰錘空對面飛彈

4 兩座椅可單獨拋蓋

　　兩個座椅為前後串列設計，共用一個座艙蓋，依靠電力驅動，往後滑動即可打
開，不過，兩座椅可以分段單獨拋蓋。座艙蓋的擋風玻璃非常堅固，抗撞擊力非常
強，還使用金箔夾層進行電熱防冰。

A-10 雷霆攻擊機

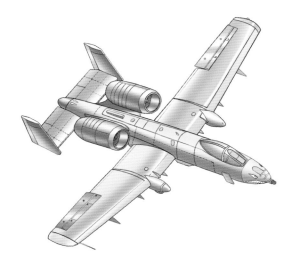

A-10「雷霆」攻擊機誕生於二十世紀七〇年代，現在依然為美國空軍的裝備，負責對地面部隊提供支援任務，依靠強大的火力、堅厚的裝甲，專門攻擊地面，具有作戰效能高、價格便宜、載彈量大、能在前線簡易跑道上起降等優點。

吊尾式引擎布局

兩個引擎短艙安裝在飛機尾部，稱作吊尾式引擎布局，這種設計不僅簡單，還減輕了結構重量，大大降低起飛、升降時，引擎吸入異物的情形。

兩個垂直尾翼

兩個垂直尾翼，大大提高了飛行穩定度，即使在作戰中損壞一個，依舊可以操縱飛機。

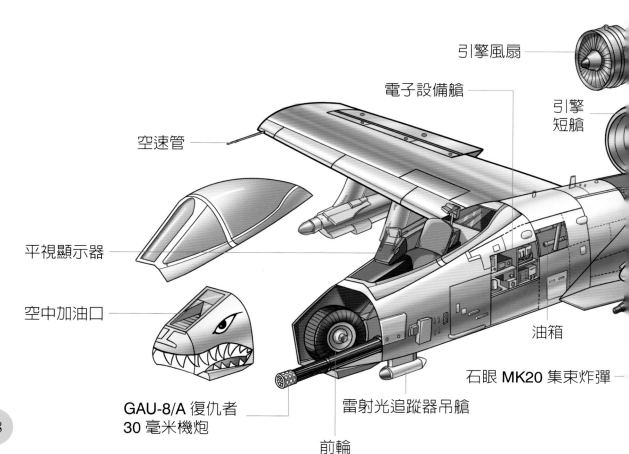

壓縮機葉片

引擎風扇

電子設備艙

引擎短艙

空速管

平視顯示器

空中加油口

油箱

GAU-8/A 復仇者 30 毫米機炮

雷射光追蹤器吊艙

石眼 MK20 集束炸彈

前輪

3 武裝裝備

　　前機身內左下側，安裝了7管加特林式機炮，可以對準地面上的裝甲目標。另外，還配備了11個外掛架，每個機翼下各4個，機身下3個，可以掛載大量的彈藥。

 ## 4 抗損能力強

　　A-10抗損能力非常強，很多結構器件均由裝甲保護。座艙周圍採用鈦合金裝甲板、內側還有防彈纖維，機腹部也是鈦合金裝甲，可抵擋23毫米穿甲彈的射擊。

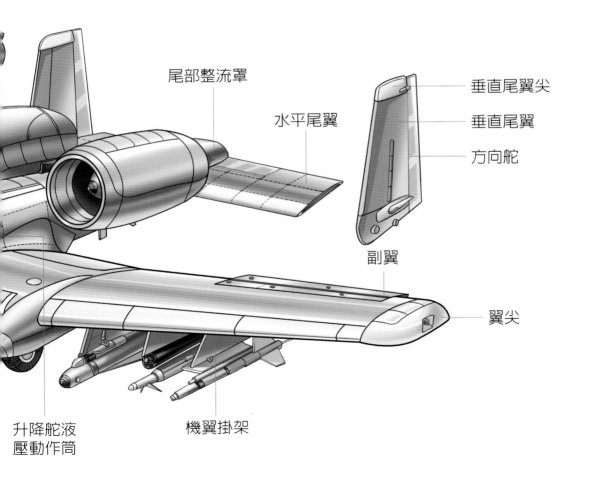

尾部整流罩

水平尾翼

垂直尾翼尖

垂直尾翼

方向舵

副翼

翼尖

升降舵液壓動作筒

機翼掛架

黑鳥 SR-71 偵察機

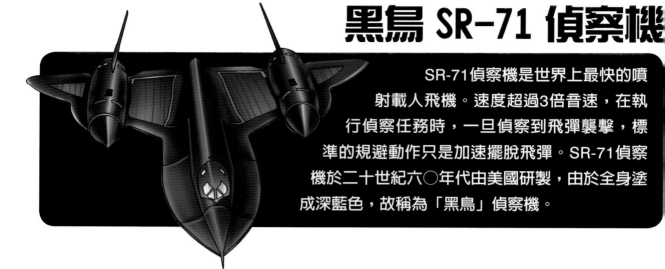

SR-71偵察機是世界上最快的噴射載人飛機。速度超過3倍音速，在執行偵察任務時，一旦偵察到飛彈襲擊，標準的規避動作只是加速擺脫飛彈。SR-71偵察機於二十世紀六〇年代由美國研製，由於全身塗成深藍色，故稱為「黑鳥」偵察機。

 ## 速度快得驚人

有兩臺加力燃燒室的J58引擎，動力強勁，飛行速度越高，引擎的效率也隨之提升，最高時速紀錄達3,500公里，創下飛行速度的世界紀錄。

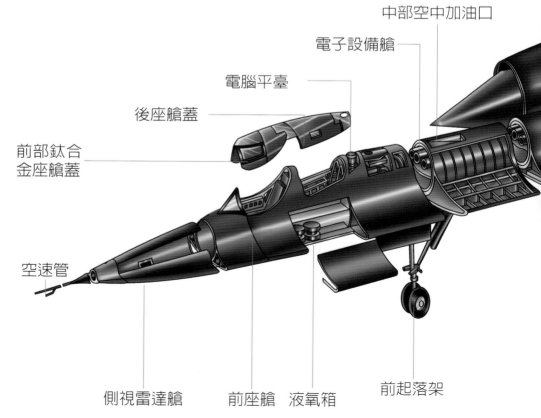

中部空中加油口

電子設備艙

電腦平臺

後座艙蓋

前部鈦合金座艙蓋

空速管

側視雷達艙　　前座艙　液氧箱　　前起落架

特製的飛行服

　　由於「黑鳥」飛行高度和速度都超出人體可承受的範圍，所以飛行員必須穿外觀與太空人類似的全密封飛行服。這種飛行服穿戴困難，需要在別人的幫助下完成。

 獨特的深藍色

　　整個機身都塗了一層深藍色吸波塗料，具有隱身效果，也提供了良好的偵察條件。此外，塗成深藍色還有良好的散熱作用，解決高速飛行時，與空氣摩擦後的高溫問題。

 體格超強

　　機身和機翼由耐高溫的鈦合金製造而成。

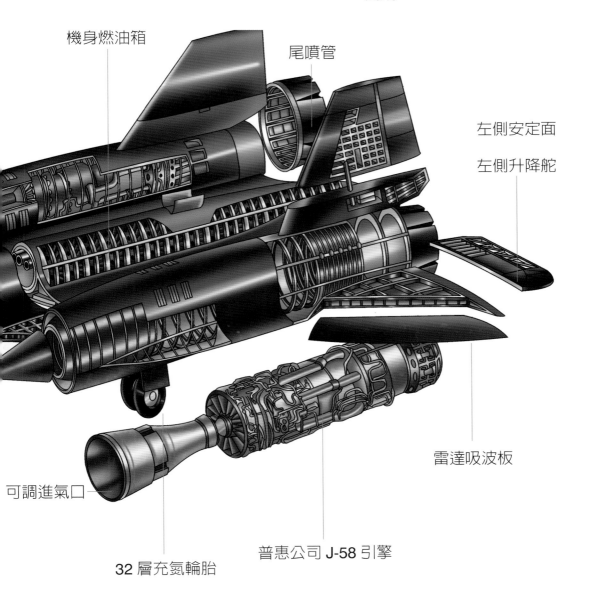

機身燃油箱

尾噴管

左側安定面

左側升降舵

可調進氣口

雷達吸波板

32 層充氮輪胎

普惠公司 J-58 引擎

RF-5E 「虎眼」偵察機

　　F-5戰鬥機是美國於二十世紀七○年代研製生產的輕型戰術戰鬥機，該機綽號「虎」，故稱為虎式戰鬥機。F-5戰鬥機有很多系列，其中A型是早期生產型，E型是單座輕型戰術戰鬥機。RF-5E是偵察型，因機頭處有照相系統，像隻眼睛，所以稱為虎眼偵察機。該機特點是造價低廉，容易維護，維修費用低。

機載飛彈

 ## 4部攝影機

　　「虎眼」偵察機安裝了4部攝影機，能執行高、中、低空的照相偵察任務。

駕駛艙

儀表板護罩

主照相機艙

前部照相機艙

前部雷達
示警器

空速管

前部照相機

前輪

飛機外殼

② 照相機的裝置空間

「虎眼」偵察機在F-5E戰機的基礎上，減少了一門機炮，機鼻也加長八英寸，所以偵察照相機的裝置空間充足。

③ 掛載能力強大

「虎眼」偵察機有一個2門20毫米的航炮，擁有防空外型的飛彈裝掛，可掛載AIM-9「響尾蛇」空對空飛彈，也可以攜帶多種對地攻擊武器，如：MK82/MK84炸彈、CBU24集束炸彈、「小鬥犬」空對面飛彈、「小牛」空對面飛彈等，掛載能力強大，有利於保證「虎眼」執行偵察任務時的安全。

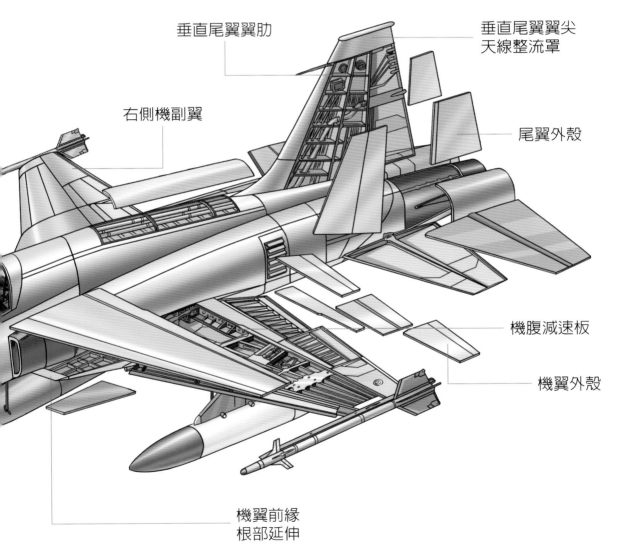

垂直尾翼翼肋

右側機副翼

垂直尾翼翼尖天線整流罩

尾翼外殼

機腹減速板

機翼外殼

機翼前緣根部延伸

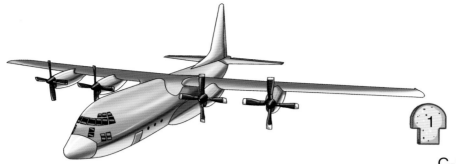

機身布局

C-130採用上面安裝單翼、配備4個引擎、尾部大型貨艙門的機身布局,動力充足,裝卸貨物方便,之後的中型運輸機也紛紛效仿。

主起落架艙

C-130的主起落架艙設計十分巧妙,起落架收起時,位於機身左右兩側突起的流線型艙室,不僅不占用主機身的空間,而且左右主輪距還會變寬,在不平坦的簡易跑道上也能保持良好的穩定性。

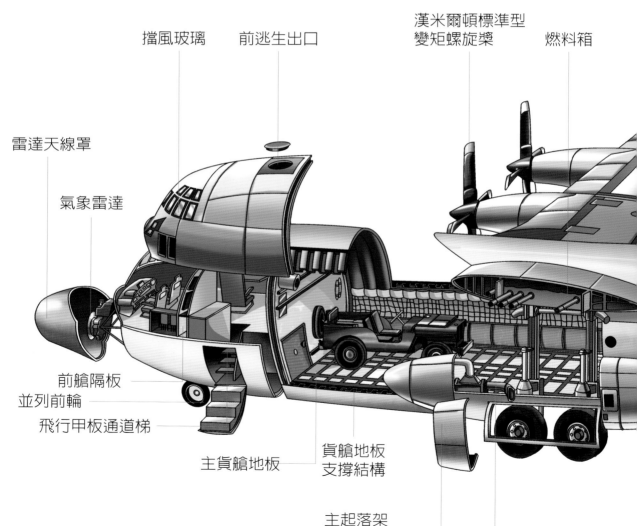

擋風玻璃　　　前逃生出口

漢米爾頓標準型
變矩螺旋槳　　　燃料箱

雷達天線罩

氣象雷達

前艙隔板
並列前輪
飛行甲板通道梯

主貨艙地板

貨艙地板
支撐結構

主起落架
整流罩

供電給空氣壓縮機的
輔助動力渦輪機

大力神運輸機

大力神C-130運輸機由美國洛克希德公司研製，它於1954年8月23日首飛，服役至今，可謂設計最成功、使用時間最長的運輸機之一。以結實耐用著稱，有四十多種型號。目前最新型號J型仍在生產裝備，並出口到多個國家。

 3 起落機場簡易

C-130適應能力非常強，對起落機場的要求很低，即使在沙漠、雪地、坑窪地形，甚至航空母艦上均可起落。

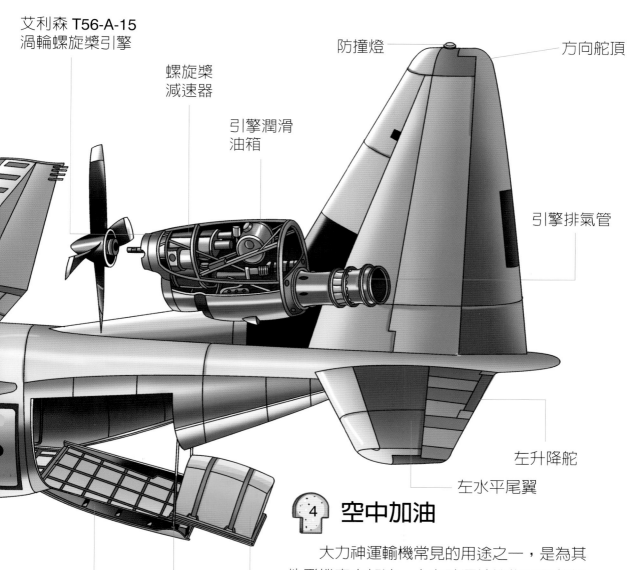

艾利森 T56-A-15
渦輪螺旋槳引擎

螺旋槳
減速器

引擎潤滑
油箱

防撞燈

方向舵頂

引擎排氣管

左升降舵

左水平尾翼

貨艙裝
卸跳板

跳板液壓
動作桿

貨盤

4 空中加油

大力神運輸機常見的用途之一，是為其他飛機空中加油，大力神運輸機先用長軟管與受油飛機連接在一起後，再把巨大機翼內備用油箱中的燃油，直接輸送到受油機的油箱當中。

消防飛機

星星之火可以燎原，尤其是樹木茂盛的廣大森林，一點火星就可以引發勢不可擋的熊熊烈火，這時，迅速採取措施、控制火勢顯得格外重要。其中，最為有效的方法就是利用飛機在空中投水滅火。於是，消防飛機誕生了，最為經典的代表就是C-130大力神投水轟炸機。

貨艙門

燃油箱

引擎滑油箱

漢米爾頓標準型變矩螺旋槳

艾利森 T56-1A 渦輪螺旋槳引擎

尾翼結構

尾部跳板動作筒

右舷跳傘門

吸水管

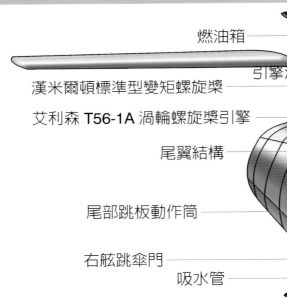

水泵

串列雙主起落架輪

 ## 1 動力強勁

C-130大力神在接到消防任務時，會換上動力更為強勁的引擎，速度提高許多，以便快速趕到火災現場。在1954年，換上艾利森T56-1A渦輪螺旋槳引擎的C-130大力神，最高速度可以達到583公里／時。

2 可以傾瀉水幕

在龐大的貨艙中，安裝水箱、泵裝置及兩個巨大的噴水管模組化空中系統，方便從貨艙後門投水。從高空往下噴射水時，水勢非常強勁，猶如傾瀉的水幕噴向熊熊烈火，是控制火勢的能手。

3 駕駛艙寬敞

駕駛艙可以讓機長和副駕駛面對面並排，不僅方便交流也幫助他們適應近距離接觸火災的高溫環境。後門導航臺上還有隨行工程師的位置，駕駛艙後部還有供機組休息的床鋪，非常寬敞。

變矩螺旋槳

左舷外側螺旋槳

擋風玻璃

機長座

副駕駛員座

雷達安裝支架

氣象雷達

機組休息鋪

領航員座

領航員工作臺

機頭雷達罩

模組化空中滅火系統

4 反覆投水，地面消防隊接力

一次投水完畢後，大力神飛機還可以返回基地加水，再重新飛回火災現場繼續任務，如此反覆。等到火勢控制後，地面上的消防隊員再接替接下來的滅火任務。

中國 WZ-10 武裝直升機

在二十世紀末，中國開始研究武裝直升機，最終於二十一世紀初，成功研製出「WZ-10」武裝直升機。它裝備有武器，主要用於執行作戰任務，最大武器外掛量可達1,600～2,000公斤，所有機載設備即使在最複雜的條件下仍可以使用，降低機組人員的工作負擔，而且能在空戰時，迅速做出戰術決策，是中國非常重要的空軍武裝武器。

 尾槳

尾部有一個尾槳，即抗扭螺旋槳。一般來說，飛機的旋翼旋轉的反作用力，會使直升機往與旋翼旋轉的反方向轉動，尾槳產生的拉力剛好可以抵消掉這種轉動，讓飛機航向穩定。此外，改變尾槳拉力的大小，還可以操縱航向。

駕駛員座椅

副駕駛／射擊員座椅

紅外線前視系統

航炮

航電支架

 後三點式起落架

採用後三點式起落架，將起落架的兩個支點（主輪），對稱的安裝在飛機重心前面，第三個支點（尾輪）則安置在飛機尾部，可以有效防止直升機以很大的正俯仰角，處於非正常狀態著陸，造成尾槳撞擊到地面的情況。

4 超低空執行任務

配備了機載控制系統、全球定位導航系統及電子地圖串聯，保證在10～15公尺的超低空中執行任務，並避免撞上地面及空中的障礙物。

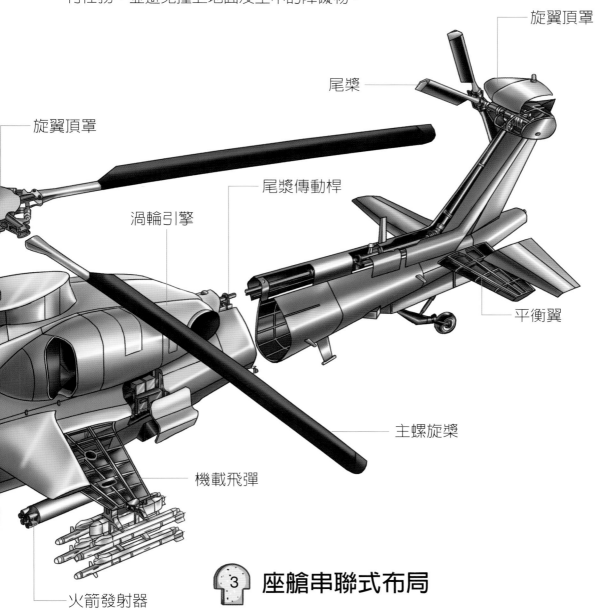

旋翼頂罩

尾槳

旋翼頂罩

尾槳傳動桿

渦輪引擎

平衡翼

主螺旋槳

機載飛彈

火箭發射器

主起落架減震器

3 座艙串聯式布局

座艙採用串聯式布局，使得飛機變得狹長，減少了空氣阻力。座艙前後各有一個座位，剛好適合飛行員和武器操縱手乘坐。座艙蓋及座艙之間的隔離板，採用38毫米厚的防彈玻璃，能抵禦口徑為12.5毫米槍彈的攻擊。

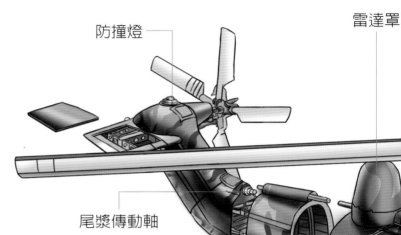

防撞燈　　　　　　　　　　　　　　　雷達罩

尾漿傳動軸

絞車

不可收放尾輪

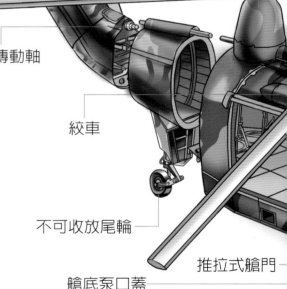

推拉式艙門

艙底泵口蓋

海王直升機

海王直升機是美國在六○年代生產的雙引擎反潛直升機，服役於美國海軍和多個國家。其中S-61海王直升機使用於海上救援和搜索的民用版直升機，機上有絞車等救援設備和急救藥品。

 1 便於救援的絞車

絞車是「海王」救援時有力的工具。當飛機到達求救者上空並調整到正確位置時，絞車手操作位於艙門邊的絞車，放下救生員和鋼纜，接著救生員抱住救助者後，將他們一起吊進機艙。

救生筏包

2 兩臺引擎

「海王」的飛行方向主要是藉由駕駛桿，改變左旋翼的傾斜程度來控制。駕駛員操縱旋翼主軸前傾、側傾和後傾時，個別會前飛、側轉和後仰。而上升和下降，卻是由變矩操縱桿控制。

 ## 3 控制飛行方向的方法很獨特

「海王」上裝了兩臺勞斯萊斯渦輪軸引擎，由5葉旋翼和5葉尾槳組成驅動系統。即使一臺發動機故障，仍然可以利用另外一臺引擎飛行。

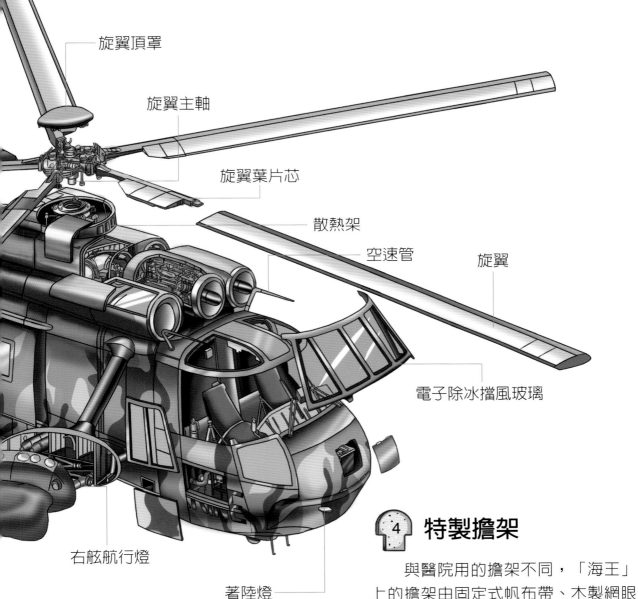

旋翼頂罩

旋翼主軸

旋翼葉片芯

散熱架

空速管

旋翼

電子除冰擋風玻璃

右舷航行燈

著陸燈

4 特製擔架

與醫院用的擔架不同，「海王」上的擔架由固定式帆布帶、木製網眼鋼板等構成。這種擔架更堅固安全，方便吊起傷患。

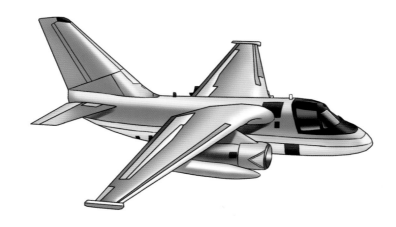

S-3 「維京」反潛機

S-3 「維京」反潛機是美國製造的艦載式反潛機，於1972年開始服役。它主要用於搜索、跟蹤、攻擊敵方潛艇。機身為全金屬結構，機身短粗，尾部裝有可伸縮的反潛磁異偵測器。機艙位於前部、中間，由武器艙分隔為前後兩部分，前艙是正副駕駛座位，後艙供1名戰術協調員和一名聲納員乘坐，是美國海軍非常重要的反潛機。

翼尖電子反制設備吊艙

右側副翼

右側前緣

固定内機翼整體油箱

CNU-264 型貨物吊艙

空中加油管

AN/APS(V)1型雷達

玻璃纖維雷達罩

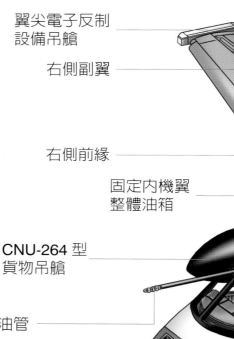

 ## 引擎

S-3B反潛機在機翼接近機身處，有安裝兩臺渦輪風扇引擎，即使只啓動一個引擎，飛機依然可以正常飛行，相當節省油耗。

2 兩條平行的縱梁

　　S-3B的機身有兩條平行的縱梁，從前起落架接頭處，一直延伸至著陸的攔阻鉤處。這兩根縱梁可以讓飛機彈射起飛，以及攔阻著艦時，將重量均勻分布於機身各處，還可以在水上迫降或機身著艦時，保護乘員。

3 可折疊的機翼

　　S-3B的外段機翼和垂直尾翼均可折疊，在艦載時十分方便。

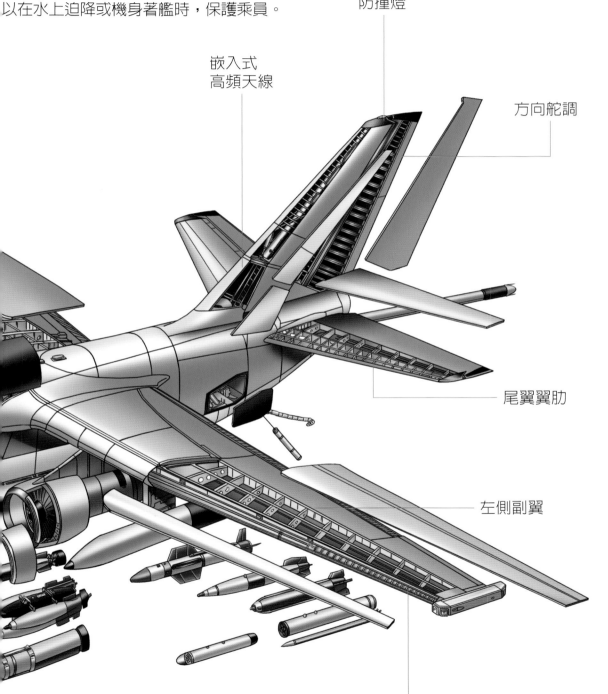

防撞燈

方向舵調

嵌入式
高頻天線

尾翼翼肋

左側副翼

左側前緣

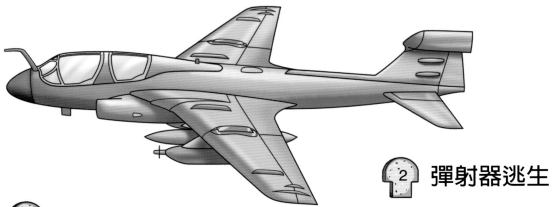

1 干擾系統先進

作為一架電子作戰機，EA-6B最明顯的特徵就是擁有先進的干擾系統。僅需幾架EA-6B，利用機上強大的電子系統，就可以對法國面積大小的區域進行「電子管制」。1990年，它還有用於精確導航的全球定位系統及箔條彈、紅外線曳光彈和自衛干擾系統。

2 彈射器逃生

EA-6B非常重，在艦艇的甲板上彈射起飛失敗時，4名機組成員可以利用彈射器，在飛機掠過甲板的那一刻立即彈射出飛機。

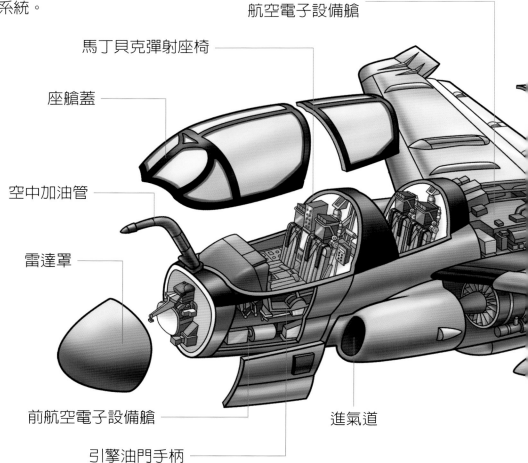

中央電氣
航空電子設備艙

馬丁貝克彈射座椅

座艙蓋

空中加油管

雷達罩

前航空電子設備艙

引擎油門手柄

進氣道

普惠公司
渦輪噴射引擎

EA-6B「徘徊者」電子作戰機

EA-6B「徘徊者」電子作戰機是一種艦載機，即以航空母艦或其他軍艦為基地的海軍飛機，是為了電子戰而設計，能遠距離、全天候以高級電子戰方式電擾敵方，使友軍飛機可以安全進攻。它是在A-6的基礎上改進而來，它安裝了兩個引擎，機翼在機身中段，可以從航空母艦上起飛。自1968年5月25日首飛成功以來，至今仍在服役，是目前最為先進的電子作戰機之一。

 ### 3 4 人組成的機組

與其他類似的機型相比，EA-6B還有一個與眾不同的地方，那就是：一架EA-6B通常由3名專職電子戰軍官和1名飛行員組成，促使EA-6B能完成更多任務。

 ### 4 被動探測器

在EA-6B的大型高速反輻射飛彈頭部有一個被動偵測器，使得該飛彈可以在備用或預編程式模式下使用。

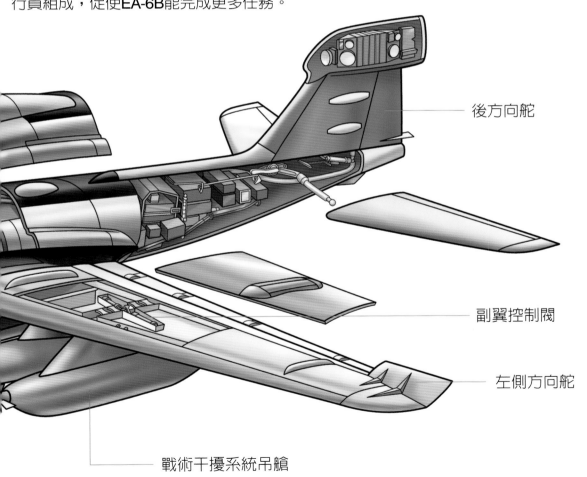

後方向舵

副翼控制閥

左側方向舵

戰術干擾系統吊艙

伴熊逐夢—
台灣黑熊與我的故事
作者：楊吉宗　繪者：潘守誠
ISBN：978-957-11-7660-4
書號：5A81
定價：300元

毒家報導—
揭露新聞中與生活有關的化學常識
作者：高憲明
ISBN：978-957-11-8218-6
書號：5BF7
定價：380元

棒球物理大聯盟：
王建民也要會的物理學
作者：李中傑
ISBN：978-957-11-8793-8
書號：5A94
定價：400元

基改食品免驚啦！
作者：林基興
ISBN：978-957-11-8206-3
書號：5P21
定價：400元

3D列印決勝未來（附光碟）
作者：蘇英嘉
ISBN：978-957-11-7655-0
書號：5A97
定價：500元

你沒看過的數學
作者：吳作樂、吳秉翰
ISBN：978-957-11-8698-6
書號：5Q38
定價：400元

核能關鍵報告
作者：陳發林
ISBN：978-957-11-7760-1
書號：5A98
定價：280元

看見台灣里山
作者：劉淑惠
ISBN：978-957-11-8488-3
書號：5T19
定價：480元

當快樂腳不再快樂—
認識全球暖化
作者：汪中和
ISBN：978-957-11-6701-5
書號：5BF6
定價：240元

工程業的宏觀與微觀
作者：胡儷華
ISBN：978-957-11-8847-8
書號：5T24
定價：480元

國家圖書館出版品預行編目資料

科技大透視3：飛機總動員／紙上魔方編繪.
－－二版.－－臺北市：五南圖書出版股份有
限公司, 2019.04
　面；　公分

ISBN 978-957-763-276-0（平裝）

1.科學技術　2.飛機　3.通俗作品

400　　　　　　　　　　　108000960

ZC03

科技大透視3：飛機總動員

編　　繪 ― 紙上魔方

發 行 人 ― 楊榮川

總 經 理 ― 楊士清

總 編 輯 ― 楊秀麗

副總編輯 ― 王正華

責任編輯 ― 金明芬

封面設計 ― 王麗娟

出 版 者 ― 五南圖書出版股份有限公司

地　　址：106台北市大安區和平東路二段339號4樓

電　　話：(02)2705-5066　　傳　　真：(02)2706-6100

網　　址：https://www.wunan.com.tw

電子郵件：wunan@wunan.com.tw

劃撥帳號：01068953

戶　　名：五南圖書出版股份有限公司

法律顧問　林勝安律師事務所　林勝安律師

出版日期　2017年4月初版一刷
　　　　　2019年4月二版一刷
　　　　　2021年3月二版二刷

定　　價　新臺幣180元

經典永恆·名著常在

五十週年的獻禮——經典名著文庫

五南,五十年了,半個世紀,人生旅程的一大半,走過來了。

思索著,邁向百年的未來歷程,能為知識界、文化學術界作些什麼?

在速食文化的生態下,有什麼值得讓人雋永品味的?

歷代經典·當今名著,經過時間的洗禮,千錘百鍊,流傳至今,光芒耀人;

不僅使我們能領悟前人的智慧,同時也增深加廣我們思考的深度與視野。

我們決心投入巨資,有計畫的系統梳選,成立「經典名著文庫」,

希望收入古今中外思想性的、充滿睿智與獨見的經典、名著。

這是一項理想性的、永續性的巨大出版工程。

不在意讀者的眾寡,只考慮它的學術價值,力求完整展現先哲思想的軌跡;

為知識界開啟一片智慧之窗,營造一座百花綻放的世界文明公園,

任君遨遊、取菁吸蜜、嘉惠學子!